G. Zappa (Ed.)

T0238576

Gruppi, anelli di Lie e teoria della coomologia

Lectures given at the
Centro Internazionale Matematico Estivo (C.I.M.E.),
held in Saltino (Firenze), Italy,
August 31-September 8, 1959

Springer

FONDAZIONE CIME ROBERTO CONTI

C.I.M.E. Foundation
c/o Dipartimento di Matematica "U. Dini"
Viale Morgagni n. 67/a
50134 Firenze
Italy
cime@math.unifi.it

ISBN 978-3-642-10936-2 e-ISBN: 978-3-642-10937-9
DOI:10.1007/978-3-642-10937-9
Springer Heidelberg Dordrecht London New York

Reprint of the 1st ed. C.I.M.E., Florence, 1959
With kind permission of C.I.M.E.

Printed on acid-free paper

Springer.com

CENTRO INTERNATIONALE MATEMATICO ESTIVO
(C.I.M.E)

3° Ciclo - Saltino di Vallombrosa – 31 agosto – 8 settembre 1959

GRUPPI, ANELLI DI LIE E TEORIA DELLA COOMOLOGIA

CENTRO INTERNAZIONALE MATEMATICO ESTIVO
(C.I.M.E.)

REINHOLD BAER

COMPLEMENTATION IN FINITE GROUPS

ROMA - Istituto Matematico dell'Università - 1959

COMPLEMENTATION IN FINITE GROUPS

of

REINHOLD BAER

PROLOGUE : THE THEOREM OF SCHMIDT & IWASAWA.

If somebody wants to show what makes the difference between the theory of groups in general and the theory of finite groups in particular what makes as it were the theory of finite groups tick, then I would not know of any better way of showing this than by producing the following proof of the useful

THEOREM OF SCHMIDT & IWASAWA : *If every proper subgroup of the finite group* G *is nilpotent, then* G *is soluble.*

If this were false, then there would exist a group G of minimal order [the least criminal] with the following two properties:

(1) G is not soluble.

(2) Every proper subgroup of G is nilpotent.

Consider a normal subgroup K of G such that $1 < K < G$. Then K is nilpotent and every proper subgroup of G/K is nilpotent, since epimorphic images of nilpotent groups are nilpotent. Thus (2) is satisfied by the group G/K of order smaller than o(G). Because of the minimality of G we may deduce solubility of G/K. But extensions of nilpotent groups by soluble groups are soluble. Hence G is soluble, contradicting (1). Consequently

(3) G is simple.

Assume [again by way of contradiction] the existence of pairs of different maximal subgroups of G with intersection different from 1. Then there would exist a pair A, B of different maximal subgroups with maximal intersection $D = A \cap B \neq 1$. Because of (3) and $1 < D < G$ we may conclude that D is not a normal sugroup of G. Hence $1 < D \leq \mathfrak{N}D < G$; and consequently there exists a maximal subgroup C of G which contains $\mathfrak{N}D$. Next we note that $D < A$ and $D < B$ since A and B are two different maximal subgroups. They are nilpotent by (2) and from the normalizer property of nilpotent groups we deduce now

$$D < A \cap \mathfrak{N}D \leq A \cap C \quad \text{and} \quad D < B \cap \mathfrak{N}D \leq B \cap C .$$

But D is a maximal intersection of maximal subgroups. Hence $A = C = B$, a contradiction which proves that

(4) $A \cap B = 1$ for every pair of maximal subgroups $A \neq B$.

By (4), every element not 1 in G belongs to one and only one maximal subgroup of G. By (3) [and (1)] none of them is a normal subgroup. Hence $A = \mathfrak{N}A$ for every maximal subgroup A of G . It follows that the number of elements, not 1, contained in subgroups conjugate to A is exactly $[G : A][o(A) - 1]$. If $\mathfrak{K}$ is any class of conjugate maximal subgroups of G, then every subgroup in $\mathfrak{K}$ has the same order $o(\mathfrak{K})$ and the number of subgroups in $\mathfrak{K}$ is the index $[G : \mathfrak{K}]$ satisfying $o(G) = [G : \mathfrak{K}]\, o(\mathfrak{K})$. The number of elements, not 1, in the subgroups belonging to $\mathfrak{K}$ is consequently

$$[G : \mathfrak{K}][o(\mathfrak{K}) - 1] = o(G) - [G : \mathfrak{K}] .$$

Denoting by j the number of classes of conjugate maximal subgroups of G, we find that the number of elements, not 1, in G is exactly

$$o(G) - 1 = jo(G) - \sum_{\mathfrak{K}}[G : \mathfrak{K}] .$$

Since maximal subgroups are different from 1 and G [because of (1)] we find that $1 < [G : \mathfrak{K}] \leq \frac{1}{2}\, o(G)$; and now it follows that

$$(j - 1)o(G) = \sum_{\mathfrak{K}}[G : \mathfrak{K}] - 1 < \frac{1}{2}\, jo(G)$$

or

$$\frac{1}{2}\, jo(G) < o(G), \quad 0 < j < 2$$

so that $j = 1$. Hence there exists just one class $\mathfrak{K}$ of conjugate maximal subgroups; and it follows that

$$o(G) - 1 = o(G) - [G : \mathfrak{K}] \text{ or } [G : \mathfrak{K}] = 1 \text{ or } o(\mathfrak{K}) = 1$$

so that G itself would be maximal, an impossibility. This contradiction proves the theorem.

REMARK: The existence of a non-soluble [simple] group of minimal order shows that it does not suffice to assume that all the proper subgroups are soluble.

REMARK: It is possible to weaken the hypothesis considerably and then more and more sophisticated arguments have to take the place of the above proof. But the ideas of this proof enlarged in many ways will again and again make their appearance.

1. THE COMPLEMENTS OF NORMAL HALL SUBGROUPS.

If K is a normal subgroup of the finite group G, and if S is a subgroup of G satisfying $G = KS$, then we term S *a supplement of* K *in* G. It is clear that every normal subgroup possesses supplements, e.g. the group itself. A supplement is termed *minimal*, if none of its proper subgroups is a supplement; and it is clear that every supplement contains a minimal one - select one of minimal order.

LEMMA 1.1: *If* K *is a normal subgroup of* G, *and if* S *is a minimal supplement of* K *in* G, *then* $K \cap S \leq \emptyset S$.

PROOF: First we note that $K \cap S$ is a normal subgroup of S. Assume now by way of contradiction that $K \cap S \not\leq \emptyset S$. Then there exists a maximal subgroup T of S which does not contain $K \cap S$. Because of the maximality of T and the normality of $K \cap S$ we have $S = (K \cap S)T$; and this implies

$$G = KS = K(K \cap S)T = KT.$$

Consequently T is a supplement of K in G. But $T < S$ contradicting the minimality of S. Hence $K \cap S \leq \emptyset S$.

REMARK 1.2: Since the Frattini subgroup is always nilpotent, $K \cap S$ is nilpotent whenever S is a minimal supplement of K in G. This almost trivial result reduces - in a way - the general extension problem to the problem of extension of nilpotent groups.

REMARK 1.3: Suppose that the group theoretical property $\mathfrak{E}$ meets the following requirements :

a. Epimorphic images of $\mathfrak{E}$-groups are $\mathfrak{E}$-groups

b. G is an $\mathfrak{E}$-group if, and only if, $G/\emptyset G$ is an $\mathfrak{E}$-group.

Examples of such properties are nilpotency, supersolubility, solubility etc. Suppose now that K is a normal subgroup of G, that G/K is an $\mathfrak{E}$-group, and that S is a minimal supplement of K in G.

Then $G/K \simeq S/(K \cap S)$ is an $\mathfrak{E}$-group and consequently [Lemma 1.1] the epimorphic image $S/\Phi S$ of G/K is an $\mathfrak{E}$-group. This in turn implies that S itself is an $\mathfrak{E}$-group.

If K is a normal subgroup of G, and if S is a subgroup of G satisfying $G = KS$, $1 = K \cap S$, then S is termed *a complement of* K *in* G. Note $G/K \simeq S$ for every complement S of K in G.

The subgroup H of G is termed *a Hall subgroup of* G, if its order o(H) and its index [G:H] are relatively prime. Note that complements of normal Hall subgroups are themselves Hall subgroups.

THEOREM 1.4: *If* K *is a normal Hall subgroup of* G, *and if* S *is a minimal supplement of* K *in* G, *then* S *is a complement of* K *in* G.

This theorem is customarily called Schur's Theorem.

PROOF: If this theorem were false then there would exist a group G of minimal order violating this theorem - the least criminal. There would exist consequently a normal Hall subgroup K of G and a minimal supplement S of K in G which is not a complement.

From $G/K \simeq S/(K \cap S)$ we deduce that $K \cap S$ is a normal Hall subgroup of S. If T is a supplement of $K \cap S$ in S, then we have

$$G = KS = K(K \cap S)T = KT$$

so that T is a supplement of K in G. Because of $T \leq S$ and the minimality of S wa have T = S. Thus S is a minimal supplement of $K \cap S$ in S. If S were different from G, then we would deduce from the minimality of G that S is a complement of $K \cap S$ in S; and this would imply $K \cap S = 1$ so that S would be a complement of K in G, an impossibility. Hence

$$S = G .$$

If K were not a minimal normal subgroup of G, then there would exist a normal subgroup M of G such that $1 < M < K$ [note $K \neq 1$]. Because of S = G it is easily seen that S/M is a minimal supplement of K/M in G/M. Since the order of G/M is smaller than the order of G, we deduce from the minimality of G that S/M is a complement of K/M in G/M; and this implies

$$M < K = K \cap S = M ,$$

a contradiction. Hence

K is a minimal normal subgroup of G.

Application of Lemma 1.1 shows that $K = K \cap S \leq \emptyset S$. Hence K is a nilpotent minimal normal subgroup [Remark 1.2] and this implies the commutativity of K, since $K' < K$ is normal as a characteristic subgroup of a normal subgroup, and since therefore $K' = 1$. Hence

K is abelian.

Select now in the coset x of G/K a representative r(x) and let in particular $r(K) = 1$. From

$$r(x)r(y) \equiv r(xy) \text{ modulo } K$$

we conclude that $(x,y) = r(x)r(y)r(xy)^{-1}$ belongs to K for every x and y in G/K. All the elements in the coset x of G/K induce in the abelian normal subgroup K of G the same automorphism which we denote by x too. It follows that

$$k^x = r(x)^{-1}kr(x) \quad \text{for every } k \text{ in } K \text{ and every } x \text{ in } G/K.$$

Because of $r(K) = 1$ we have $(K,y) = 1 = (x,K)$ for every x and y in G/K; and computing $r(x)r(y)r(z)$ in two different ways we obtain the well known associativity relations

$$(x,y)(xy,z) = (y,z)^{x^{-1}}(x,yz).$$

Since K is abelian, products of elements in K may be formed without any consideration of order. Since [G:K] is relatively prime to the order of the abelian group K, raising elements in K into their [G:K]-th power constitutes an automorphism of K. Consequently there exists for every x in G/K a uniquely determined element t(x) in K such that

$$t(x)^{[G:K]} = \pi_y (x,y).$$

Application of the associativity relations shows that

$$[t(y)^{x^{-1}} t(x)\ t(xy)^{-1}]^{[G:K]} = \pi_z[(y,z)^{x^{-1}}(x,z)(xy,z)^{-1}] =$$

$$= \pi_z[(y,z)^{x^{-1}}(x,yz)(xy,z)^{-1}] \quad \text{as } yz \text{ ranges with } z \text{ over } G/K$$

$$= (x,y)^{[G:K]};$$

and the implies

$$(x,y) = t(x)t(y)^{x^{-1}}\ t(xy)^{-1} \qquad \text{for } x,\ y \text{ in } G/K,$$

since [G:K] is prime to o(K). Let $s(x) = t(x)^{-1}r(x)$. Then

$$s(x)s(y) = t(x)^{-1}r(x)t(y)^{-1}r(y) = t(x)^{-1}t(y)^{-r(x)^{-1}}r(x)r(y) =$$

$$= (x,y)^{-1}t(xy)^{-1}r(x)r(y) = t(xy)^{-1}r(xy) = s(xy).$$

The elements s(x) with x in G/K form consequently a subgroup s(G/K) of G which is complementary to K in G; and this is impossible because of $1 < K \leq \emptyset G$. This contradiction completes the proof.

REMARK 1.5: Once we knew that K is abelian and that an automorphism of K was obtained by raising elements in K into their [G:K]-th powers, no further use was made of the finiteness of K. Thus the final argument concerning factor sets - a piece of cohomological algebra - depended only on these properties.

REMARK 1.6: Since every normal subgroup possesses minimal supplements it follows that normal Hall subgroups possess complements.

LEMMA 1.7: *If* K *is a normal subgroup of* G, *then the normalizer* [*in* G] *of a Sylow subgroup of* K *is a supplement of* K *in* G.

PROOF: Let P be a Sylow subgroup of K and N its normalizer in G. If g is an element in G, then P^g is a Sylow subgroup of $K^g = K$. Hence P and P^g are conjugate in K. Consequently there exists an element a in K such that $P^a = P^g$. It follows that ga^{-1} belongs to

N, that therefore g belongs to $Na \leq NK$. Hence $G = NK$.

REMARK 1.8: The argument used in this proof is referred to as Frattini argument, as it may be used to prove the fact that the Frattini subgroup is nilpotent. Variations of the Frattini argument will be applied again and again.

COROLLARY 1.9: *If* K *is a normal Hall subgroup of* G, *and if* P *is a Sylow subgroup of* K, *then there exists a complement of* K *in* G *which normalizes* P.

PROOF: By Lemma 1.7 the normalizer N of P in G is a supplement of K in G. There exists a minimal supplement M of K in G such that $M \leq N$. It is a consequence of Theorem 1.4 that M is a complement of K in G which naturally normalizes P.

Our next problem is to decide whether complements of normal Hall subgroups are conjugate. This question is still open. We shall, however, prove a result which makes it almost impossible to hope for the construction of a counter example.

LEMMA 1.10: *Assume that* K *is a normal Hall subgroup of* G *and that any two complements of* K *in* G *are conjugate in* G.

(a) *If* σ *is a homomorphism of* G, *then any two complements of* K^σ *in* G^σ *are conjugate in* G^σ.

(b) *If* C *is a complement of* K *in* G, *then there exists to every prime* p *a* p-*Sylow subgroup of* K *which is normalized by* C.

PROOF: Assume first that L is a normal subgroup of G. Then every complement of LK/L in G/L has the form S/L with

$$G = LKS = KS \quad \text{and} \quad K \cap S \leq L$$

as follows from Dedekind's Law $L \leq S$ and

$$L = S \cap LK = L(K \cap S).$$

But $K \cap S$ is a normal Hall subgroup of S; and thus we deduce from Schur's Theorem [Remark 1.6] the existence of a complement T of

$K \cap S$ in S. Consequently

$$G = KS = K(K \cap S)T = KT \text{ and } K \cap T = K \cap S \cap T = 1$$

so that T is a complement of K in G. Noting that $K \cap S = K \cap L$ because of $K \cap S \leq L \leq S$ we find that $S = (K \cap L)T$. It follows that any pair of complements of LK/L in G/L has the form $(K \cap L)A/L$ and $(K \cap L)B/L$ where A and B are suitable complements of K in G. Since A and B are conjugate in G, it follows that $(K \cap L)A$ and $(K \cap L)B$ are conjugate in G and that consequently complements of LK/L in G/L are conjugate in G/L. This proves (a).

Consider next a complement C of K in G. If p is a prime, then denote by P a p-Sylow subgroup of K. It is a consequence of Corollary 1.9 that there exists a complement D of K in G which normalizes P. Since C and D are, by hypothesis, conjugate in G, it follows that C too normalizes a p-Sylow subgroup of the normal subgroup K of G. This proves (b).

COROLLARY 1.11: *If* L *is a normal subgroup of* G *and if* K *is a normal Hall subgroup of* G, *then* S/L *is a complement of* LK/L *in* G/L *if, and only if,* $S = (L \cap K)C$ *with* C *a complement of* K *in* L.

This has been verified in the course of the proof of Lemma 1.10 .

REMARK 1.12: It seems to be an open question whether the property of conjugacy of complements of normal Hall subgroups which is inherited by epimorphic images [Lemma 1.10, (a)] is likewise inherited by subgroups or at least by supplements of the normal Hall subgroup K.

Before entering into the actual derivation of our criteria we give a preliminary determination of the "least criminal" which will be needed in our proofs:

LEMMA 1.13: *Assume that the normal Hall subgroup* K *of* G *has the following two properties:*

(a) *There exist two complements of* K *in* G *which are not conjugate in* G.

(b) *If* σ *is a homomorphism of the subgroup* S *of* G *such that* $o(S^\sigma) < o(G)$, *then any two complements of* $(K \cap S)^\sigma$ *in* S^σ *are conjugate in* S^σ.

Then G/K *is simple,* K *is the one and only one minimal normal subgroup of* G *and neither* K *nor* G/K *is soluble.*

PROOF: Assume first by way of contradiction the existence of a normal subgroup L of G which is different from 1, K and G. Because of $L \neq 1$ we may apply (b) to show that any two complements of LK/L in G/L are conjugate in G/L. Because of (a) there exists a pair of complements A and B of K in G which are not conjugate in G. Since $o(LK/L) = [K:L \cap K]$ is a divisor of o(K) and $o(LA/L) = [A:A \cap L]$ is a divisor of o(A), the orders of LK/L and LA/L are relatively prime so that in particular $(LK/L) \cap (LA/L) = 1$. Since furthermore $(LK/L)(LA/L) = LKA/L = G/L$, we see that LA/L is a complement of LK/L in G/L. Likewise LB/L is a complement of LK/L in G/L. But any two complements of LK/L in G/L are conjugate in G/L. Consequently there exists an element g in G such that $LA = (LB)^g = LB^g$. Clearly A and B^g are complements of $K \cap LA$ in LA. Thus $o(LA) < o(G)$ and condition (b) would imply the existence of an element h in LA such that $A = (B^g)^h = B^{gh}$; and this is impossible. Consequently LA = G. Hence [G:L] is a divisor of o(A) = [G:K] so that o(K) is a divisor of o(L). Since K is a normal Hall subgroup of G, it is the set of all solutions of the equation $x^{o(K)} = 1$; and this implies $K \leq L$. Noting our hypothesis concerning the normal subgroup L we have actually shown that $K < L < G$. - It is clear that $L \cap A$ and $L \cap B$ are complements of K in L. Because of $o(L) < o(G)$ we may apply condition (b). Consequently there exists an element w in L such that

$$L \cap A = (L \cap B)^w = L \cap B^w .$$

Since A and B are not conjugate in G, neither are A and B^w conjugate in G. If $S = \{A, B^w\}$ were a proper subgroup of G, then we would note that A and B^w are complements of $K \cap S$ in S. Application of (b) would show that A and B^w are conjugate in S, an impossibility. Consequently $G = \{A, B^w\}$. Since $L \cap A = L \cap B^w$ is normalized by A and B^w, it is a normal subgroup of G. But we have already verified that every normal subgroup, not 1, of G contains K. This is impossible, since $K \neq 1$ and o(A) and o(K) are relatively prime. Thus we have arrived at a contradiction by assuming the existence of a normal subgroup of G which is different from 1, K and G.

If the simple group G/K were soluble, then it would be cyclic of order a prime p. Thus the complements of the normal Hall subgroup K in G would be exactly the p-Sylow subgroups of G; and these are conjugate in G, contradicting (a). Hence G/K is not soluble.

If K were soluble, then $K' < K$ would be a normal subgroup different from K and G. Hence $K' = 1$ so that K would be abelian. We consider again the two complements A and B of K in G. If a is an element in A, then

$$a^* = Ka \cap B$$

is a uniquely determined element in B; and the mapping $a \rightarrow a^*$ is an isomorphism of A upon B. If x is an element in G/K, then $x \cap A$ is a uniquely determined element in A; and thus the element

$$x^\sigma = (x \cap A)^* (x \cap A)^{-1}$$

is a well determined element in G. Since $Ka = Ka^*$ for every a in A, it follows actually that σ is a single valued mapping of G/K into the abelian group K. Next we note that all the elements in the coset x of G modulo K induce the same automorphism in the abelian normal subgroup K; and this automorphism we shall denote by x too. If x and y are elements in G/K, then we have

$$xy \cap A = (x \cap A)(y \cap A),$$
$$(xy \cap A)^* = (x \cap A)^*(y \cap A)^*,$$

since the mapping $a \to a^*$ is an isomorphism. Hence

$$(xy)^\sigma = (xy \cap A)^* (xy \cap A)^{-1} =$$
$$= (x \cap A)^* (y \cap A)^* (y \cap A)^{-1}(x \cap A)^{-1} =$$
$$= x^\sigma (y^\sigma) x^{-1}.$$

Since the index $i = [G:K]$ is prime to the order $o(K)$ of the abelian group K, every element in K is the i-th power of a uniquely determined element in K. Consequently there exists an element c in K such that

$$c^{[G:K]} = \prod_{x \in G/K} x^\sigma .$$

If t is some definite element in G/K, then tx ranges over G/K if x ranges over G/K. Consequently

$$c^i = \prod_x (tx)^\sigma = \prod_x t^\sigma (x^\sigma)^{t^{-1}} = (t^\sigma)^i \, c^{it^{-1}} ;$$

and this implies

$$c = t^\sigma c^{t^{-1}} \quad \text{for every } t \text{ in } G/K ,$$

since mapping elements in K upon their i-th powers constitutes an automorphism of the abelian group K. If a is any element in A, then $a = Ka \cap A$, and we obtain consequently

$$cac^{-1} = (Ka)^\sigma c^{a^{-1}} ac^{-1} = (Ka \cap A)^*(Ka \cap A)^{-1}a = a^*.$$

Hence $cAc^{-1} = A^* = B$, a contradiction which completes the proof.

Mutatis mutandis Remark 1.5 could be appended here.

A first generalization of the Theorem of Zassenhaus [p.120, Satz 27] is an immediate consequence of Lemma 1.13.

COROLLARY 1.14: *All complements of the normal Hall subgroup* K *of* G *are conjugate in* G, *if* K *and* G *meet the following requirement* .

(A) *If* σ *is a homomorphism of the subgroup* S *of* G*, if* 1, $(K \cap S)^{\sigma}$ *and* S^{σ} *are the only normal subgroups of* S^{σ}*, then at least one of the groups* $(K \cap S)^{\sigma}$ *and* $S^{\sigma}/(K \cap S)^{\sigma}$ *is soluble.*

PROOF: If this were not true, then there would exist a group G of minimal order for which this result would fail to be true. Accordingly there would exist a normal Hall subgroup K of G with the following two properties:

there exists a pair of complements of K in G which are not conjugate in G;

condition (A) is satisfied by the pair K, G.

It is fairly clear that (A) is likewise satisfied by the pair $(K \cap U)^{\tau}$, U^{τ} whenever τ is a homomorphism of the subgroup U of G. Thus minimality of o(G) and $o(U^{\tau}) < o(G)$ imply that the complements of $(K \cap U)^{\tau}$ in U^{τ} are all conjugate in U^{τ}. Application of Lemma 1.13 leads now to the desired contradiction which proves our result.

REMARK 1.15: Condition (A) is certainly satisfied whenever K or G/K is soluble.

THEOREM 1.15*: *The following two properties of the normal Hall subgroup* K *of* G *are equivalent.*

(A) *If* A *and* B *are complements of* K *in* G*, then* A *and* B *are conjugate in* {A,B} .

(B) *If* S *is a supplement of* K *in* G*, and if* C *is a complement of* $S \cap K$ *in* S*, then* C *normalizes, for every prime* p*, a* p*-Sylow subgroup of* K.

This result is due to D.G.Higman p.553, Theorem 5.

PROOF: Assume first the validity of (A) and consider a supplement S of G and a complement C of $S \cap K$ in S. If p is a prime, then there exists by Corollary 1.9 a complement A of $S \cap K$ in S which normalizes a given p-Sylow subgroup P of $S \cap K$, since $S \cap K$ is a normal Hall subgroup of S. Application of Condition (A) shows that A and C are conjugate subgroups of $\{A, C\} \leq S$; and thus it follows that C too normalizes some p-Sylow subgroup of the normal Hall subgroup $S \cap K$ of S. Hence (B) is a consequence of (A).

Assume next by way of contradiction that (A) is not a consequence of (B). Then there exists a group G of minimal order and a normal Hall subgroup K of G such that (B), but not (A), is satisfied by the pair K, G. It is an immediate consequence of Corollary 1.14 that neither K nor G/K is soluble. Thus K is in particular not nilpotent; and this implies the existence of a p-Sylow subgroup P of K which is not a normal subgroup of K. It follows that the normalizer $\mathfrak{N}P$ of P in G is a proper subgroup of G; and application of Lemma 1.7 shows that $\mathfrak{N}P$ is a supplement of K in G. It is a consequence of (B) that (B) is likewise satisfied by $\mathfrak{N}P$; and we deduce from the minimality of G that all complements of $K \cap \mathfrak{N}P$ in $\mathfrak{N}P$ are conjugate in $\mathfrak{N}P$. By hypothesis, there exists a pair of complements A, B of K in G which are not conjugate in G. It is a consequence of (B) that a p-Sylow subgroup P_A of K is normalized by A and a p-Sylow subgroup P_B of K is normalized by B. Since Sylow subgroups are conjugate, there exist elements a and b in K such that $P = P_A^a$ and $P = P_B^b$. But the A^a and B^b both normalize P, hence belong to $\mathfrak{N}P$ so that they are conjugate in $\mathfrak{N}P$, a patent contradiction which proves our result.

THEOREM 1.15**: *The following properties of the normal Hall subgroup* K *of* G *are equivalent:*

(0) *If* S *is a subgroup of* G, *then all complements of* $K \cap S$ *in* S *are conjugate in* S.

(1) *If* σ *is a homomorphism of the subgroup* S *of* G, *then all the*

complements of $(K \cap S)^{\sigma}$ *in* S^{σ} *are conjugate in* S^{σ}.

(2) *If* σ *is a homomorphism of the subgroup* S *of* G, *if* $(K \cap S)^{\sigma}$ *is simple and the only proper normal subgroup of* S^{σ}, *if neither* $(K \cap S)^{\sigma}$ *nor* $S^{\sigma}/(K \cap S)^{\sigma}$ *is soluble, then every complement of* $(K \cap S)^{\sigma}$ *in* S^{σ} *normalizes, for every prime* p, *a* p-*Sylow subgroup of* $(K \cap S)^{\sigma}$.

PROOF: The equivalence of (0) and (1) is an immediate consequence of Lemma 1.10, (a). That (2) is a consequence of (1), is easily deduced from Theorem 1.15*.

If (1) were not a consequence of (2), then there would exist a group G of minimal order violating this implication. Accordingly there would exist a normal Hall subgroup K of G with the following properties:

(3) There exist two complements A and B of K in G which are not conjugate in G.

(4) The pair K,G meets requirement (2).

If σ is a homomorphism of the subgroup S of G, then (2) is likewise satisfied by the pair $(K \cap S)^{\sigma}$, S^{σ}. Application of the minimality of G shows the following fact.

(5) If σ is an homomorphism of the subgroup S of G, and if $o(S^{\sigma}) < o(G)$, then all the complements of $(K \cap S)^{\sigma}$ in S^{σ} are conjugate in S^{σ}.

An immediate application of Theorem 1.15* permits us to derive from (5) the following fact.

(6) If σ is a homomorphism of the subgroup S of G, and if $o(S^{\sigma}) < o(G)$, then every complement of $(K \cap S)^{\sigma}$ in S^{σ} normalizes, for every prime p, a p-Sylow subgroup of $(K \cap S)^{\sigma}$.

Because of (3) and (5) we may apply Lemma 1.13. It follows that

(7) K is the one and only one proper normal subgroup of G and nei-

ther K nor G/K is soluble.

If K were simple, then a combination of (2),(6),(7) and Theorem 1.15* would show that all complements of K in G are conjugate in G. This is impossible by (3); and thus it follows that

(8) K is not simple

It is a conseguence of (7) that K is a minimal subgroup of G and that K is not soluble. Consequently K is the direct product of isomorphic simple non-abelian groups K(i)

(9) $K = K(1) \otimes \dots \otimes K(n)$

and every normal subgroup of K is a partial product of this decomposition; see, for instance, Zassenhaus, p.77, Satz 2 & p.82, Satz 12. It is a consequence of (8) that $1 < n$.

Consider now a prime divisor p of o(K) and a complement C of K in G. It is clear that p is likewise a prime divisor of o[K(1)], since the groups K(1),...,K(n) are isomorphic. Since $1 < K(1) < K$, it follows from (7) that K(1) is not a normal subgroup of G. Application of (9) shows now that

$$K \leq \mathfrak{N}K(1) < G.$$

We let $T = \mathfrak{N}K(1)$ and note that - as a consequence of Dedekind's Law - $C \cap T$ is a complement of K in T. From $T < G$ and (6) we deduce that $C \cap T$ normalizes a p-Sylow subgroup P of K(1).

Assume now that a and b are elements in C with the property $K(1)^a = K(i) = K(1)^b$. Then ab^{-1} belongs to $C \cap T$ and consequently normalizes P. It follows that $P^a = P^b$. In the class P^C of conjugate subgroups [which, however, need not contain all subgroups conjugate to P in G] there is consequently at most one subgroup of K(i). Since the subgroups K(i) are permuted transitively among each other by the inner automorphisms of G, see [(9)], it follows that eve subgroup in P^C is contained in one and only one of the K(i) a that every K(i) contains one and only one of the subgroups in the set P^C. Since K is the direct product of the K(i) [by (9)], the subgroup $\{P^C\}$ is the direct product of the subgroups in this set which meets every K(i) in one of its p-Sylow subgroups. Thus $\{P^C\}$ is a p-Sylow subgroup of K which naturally is normalized by C. Hence we have shown that

(10) to every complement C of K in G and to every prime p there exists a p-Sylow subgroup of K which is normalized by C.

If we combine now (6) and (10), then it follows from Theorem 1.15 that all complements of K in G are conjugate in G. This contradicts (3); and thus we have arrived at a contradiction which proves our theorem.

REMARK 1.16: It is at present unknown whether condition (2) is always true. It is, however, most unlikely that a group will be found violating condition (2). We would then have a group W which possesses one and only one normal subgroup K. Both K and W/K would be simple and neither of them would be soluble. These two simple groups would have relatively prime order and W/K would be essentially the same as a group of outer automorphisms of K. Now all this is unlikely. For Burnside has conjectured that every simple, non soluble group has even order; and O.Schreier has conjectured that every group of outer automorphisms of a simple non-soluble group is itself soluble.

REMARK 1.17: Suppose that L is a normal Hall subgroup of H and that L and H/L are simple non-soluble groups - as noted before it is unlikely that such a group H does exist. With L its centralizer $\mathfrak{Z}L$ in H is a characteristic subgroup of H. It is impossible that $L \leq \mathfrak{Z}L$. Hence we deduce from the simplicity of L that $L \cap \mathfrak{Z}L = 1$. Consequently $\mathfrak{Z}L$ is isomorphic to the normal subgroup

$L \cdot \mathcal{L}L/L$ of H/L. Because of the simplicity of H/L we have the alternative $H = L \cdot \mathcal{L}L$ or $\mathcal{L}L = 1$. In the first case $H = L \otimes \mathcal{L}L$ and L is a direct factor of H; and in the second case H/L is essentially the same as a group of outer automorphisms of L, since the elements in H/L have order prime to $o(L)$ so that every coset of H/L contains an element of order prime to $o(L)$ which must induce the identity automorphism in L, if it induces an inner automorphism in L. That the latter possibility is very unlikely, we have noted before. - From these considerations we conclude that condition (2) of Theorem 1.15** is a consequence of the following property of the normal Hall subgroup K of G.

(2*) *If* S *is a subgroup of* G *and* σ *a homomorphism of* S, *if* $(K \cap S)^{\sigma}$ *and* $S^{\sigma}/(K \cap S)^{\sigma}$ *are simple non-soluble groups, then* $(K \cap S)^{\sigma}$ *is a direct factor of* S^{σ}.

We terminate this discussion with a theorem due to D.G.Higman which shows that the normal Hall subgroups constitute the only class of normal subgroups for which a similar theory may be expected.

THEOREM 1.16: *The normal subgroup* K *of* G *is a Hall subgroup of* G *if, and only if, for every nilpotent subgroup* H *of* G

(a) H *splits over* $K \cap H$ *and*

(b) *any two complements of* $K \cap H$ *in* H *are conjugate in* G.

PROOF: Assume first that K is a normal Hall subgroup of G. If H is a nilpotent subgroup of G, then $K \cap H$ is a normal Hall subgroup of G; and H is the direct product of $K \cap H$ and of the uniquely determined subgroup of H which consists of all the elements of order prime to $o(K \cap H)$ in H. Thus there exists one and only one complement of $K \cap H$ in H, proving the necessity of conditions (a) and (b).

Assume conversely the validity of conditions (a) and (b); and consider some prime divisor p of o(K). Denote by P some p-Sylow subgroup of G; and assume by way of contradiction that P is not part of K. Then there exists an element w in P which does not belong to K. Next we note that $P \cap K$ is a p-Sylow subgroup of the normal subgroup K of G. Since o(K) is a multiple of p, we have $P \cap K \neq 1$. Since $P \cap K$ is a normal subgroup of the p-group P, it follows that $1 \neq \mathfrak{Z}P \cap P \cap K = \mathfrak{Z}P \cap K$. Consequently there exists an element v of order p in $\mathfrak{Z}P \cap K$. We form $H = \{v, w\}$. Since $vw = wv$, this subgroup H is an abelian p-group. Since v is in K and w is not, we have $1 < H \cap K < H$. Application of (a) and (b) shows that the abelian p-group H is the direct product of $H \cap K$ and of uniquely determined subgroup L. Since v is in $H \cap K$, it follows that L is cyclic, say $L = \{u\}$. But then $\{uv\}$ generates a subgroup of the abelian p-group H such that

$$H = (H \cap K)\{u\} = (H \cap K)\{uv\}.$$

If $d \neq 1$ belongs to $H \cap K \cap \{uv\}$, then $d = (uv)^i$ and i is prime to p, since otherwise d would belong to $H \cap K \cap \{u\} = 1$. Since H is a p-group, this implies that uv itself belongs to $H \cap K$; and since v does belong to $H \cap K$, this would imply that u belongs to $H \cap K$. But then $u = 1$ and hence $L = 1$, an impossibility. Consequently $H \cap K \cap \{uv\} = 1$ so that $H = (H \cap K) \otimes \{u\} = (H \cap K) \otimes \{uv\}$; and this implies $\{u\} = \{uv\}$ by (b). But then $v = 1$ which is again impossible. Thus P is part of K; and this shows that K is a Hall subgroup.

REMARK 1.19: Note that it would have sufficed to impose the requirement:

if S is an abelian p-subgroup of G, then $S \cap K$ is a direct factor of S possessing one and only one complement in S. But our proof shows essentially that this latter condition implies:

if S is an abelian p-subgroup of G, then $S \cap K = 1$ or $S \cap K = S$.

LITERATURE

D.G.Higman : Remarks on splitting extensions
Pacific Journal of Math.4(1954),545-555.

APPENDIX : HALL'S THEORY OF SOLUBLE GROUPS.

The subgroup S of G is termed a p-[*Sylow*] *complement of* G, if o(S) is prime to p and [G:S] is a power of p. This is equivalent to saying that S is a Hall subgroup of index a power of p.

THEOREM 1a.1: *The group* G *is soluble if, and only if, it possesses a* p-*complement for every prime divisor* p *of* o(G).

PROOF: Assume first that K is a normal subgroup of G, that K is a p-group and that G/K possesses a q-complement for every prime divisor q of [G:K]. If S/K is a q-complement of G/K, and if $p \neq q$, then o(S) is prime to q so that S is a q-complement of G. If next S/K is a p-complement of G/K, then [S:K] is prime to o(K); and an application of Schur's Theorem [Remark 1.6] shows the existence of a complement T of K in S. Then T is a p-complement of G; and thus we have shown that G possesses a q-complement for every prime divisor q of o(G). - By an obvious inductive argument one shows now that soluble groups possess p-complements for every prime p.

To prove the sufficiency of the condition we have to make use of Burnside's Theorem asserting the solubility of every group whose order is divisible by no more than two primes - this is a special case of the theorem we are proving since in the two-prime-case every Sylow subgroup is a Sylow complement. [All proofs of Burnside's Theorem involve the theory of group characters and it is an open problem to construct a proof not involving characters].

Suppose now that the order of G is divisible by at least three primes. Denote by $p_1, \dots, p_k$ the totality of prime divisors of o(G). Then there exists a p_i-complement S_i for every i. Next we note that $T = S_3 \cap \dots \cap S_k$ has order divisible by p_1 and p_2 only and that T contains a p_1-Sylow subgroup as well as a p_2-Sylow subgroup of G. Hence $G = S_1T = TS_2$. By Burnside's Theorem T is soluble and contains therefore a normal subgroup $K \neq 1$ whose order is a power of p [where $p = p_1$ or $p = p_2$]. This p-group K is part of a p-Sylow subgroup which in turn is conjugate to a subgroup of S_1 or S_2. Assuming that $p = p_1$ and noting that $S_1^G = S_1^T$ one verifies that K is part of every subgroup conjugate to S_1. Consequently

$$1 < K \leq \bigcap_{g \in G} S_1^g = R \leq S_1 < G$$

proving the non-simplicity of G. But our condition is easily seen to be inherited by R and G/R; and now the sufficiency of our condition is verified by an obvious inductive argument.

THEOREM 1a.2: *If* U_i *and* V_i *are, for every prime divisor* p_i *of* $o(G)$, *two* p_i*-complements of* G, *then there exists an element* g *in* G *such that* $U_i^g = V_i$ *for* $i = 1,\ldots,k$.

PROOF: If K is a normal p-subgroup of G, and if $KU_i = KV_i$ for every i, then $U_i = V_i$ contains K for every i such that $p_i \neq p$. By Zassenhaus' Theorem [Corollary 1.14], we may conclude that U_i and V_i are conjugate in KU_i if $p = p_i$. But then the element transforming U_i in V_i may be chosen from $K \leq U_j$ for $j \neq i$; and so our contention has been verified in the special case under consideration. The general case follows by an obvious inductive argument.

THEOREM 1a.3: *If* S_i *is, for every prime divisor* p_i *of* $o(G)$, *a* p_i*-complement of* G, *then the system normalizer of the system* $S_1,\ldots,S_k$ *is nilpotent.*

PROOF: Let $p = p_i$ for some i. If x is a p-element in the system normalizer, then x belongs to every S_j with $j \neq i$, since $[\{S_j,x\}:S_j]$ is both a power of p and a power of p_j. The intersection of all the S_j with $j \neq i$ is a p-Sylow subgroup. Hence the totality of p-elements in the system normalizer is a p-group; and this proves the nilpotency of the system normalizer.

LITERATURE

Ph.Hall

[1] A note on soluble groups
Journal London Math.Soc.3 (1928), 98-105

[2] A characteristic property of soluble groups
Journal London Math.Soc.12 (1937), 198-200

[3] On the Sylow system of soluble groups
Proceedings London Math.Soc.43 (1937), 316-323

2. HALL EXTENSIONS.

If K is a normal subgroup of G, then every element in G induces a definite automorphism in K. If X is some coset of G modulo K, then the elements in X induce in K a full class $\tilde{X}$ of automorphisms of K [the classes of automorphisms are just the cosets of the group of all automorphisms modulo the group of inner automorphisms]. Mapping X onto $\tilde{X}$ we obtain a definite homomorphism of G/K into the group of classes of automorphisms of K - this group is customarily called the group of outer automorphisms. This homomorphism is - a part from the abstract structure of the groups K and G/K - a first invariant of the extension G of K by G/K.

Assume conversely that there are given two groups A and B and a homomorphism σ of B into the group of outer automorphisms of A. The first problem is to decide whether there exists an extension G of A by B which induces the homomorphism σ in the way indicated above. It is known that this is not always the case; for an example cp. Turing, p.367.

Such an extension is known to exist if A is abelian or $\mathfrak{z}A = 1$; in the latter case the extension is uniquely determined; see Baer, p.380, Folgerung 2. The constructions involved in these existence proofs will be used below in our proof of the existence theorem for Hall extensions - the expressions: "K is a normal Hall subgroup of G" and "G is a Hall extension of K by G/K" have the same significance.

THEOREM 2.1: *If* A *and* B *are groups whose orders are relatively prime, if* σ *is a homomorphism of* B *into the group of outer automorphisms of* A, *then there exists an extension of* A *by* B *which induces* σ.

PROOF: The main difficulties of the proof are overcome once we have verified the validity of the following proposition.

(2.1*) *There exists a homomorphism* τ *of* B *into the group of automorphisms of* A *such that* b^τ *is, for every* b *in* B, *an automorphis in the class* b^σ.

STEP 1: Denote by H the totality of all pairs

$$(\beta, b) \text{ with } b \text{ in } B \text{ and } \beta \text{ in } b^\sigma.$$

Defining multiplication of elements in H coordinatewise , and remembering that σ is a homomorphism we obtain a group $H = H(B,\sigma)$.

Mapping every element in H upon its second coordinate we obtain a homomorphism η of H upon B whose kernel is just the totality J of all the elements of the form $(\nu,1)$. The automorphisms ν in $(\nu,1)$ are, according to our construction, just the inner automorphisms of A.

So far we have not used the facts that A and B are finite groups of relatively prime order. If in particular $\mathfrak{z}A = 1$, then A is essentially the same as its own group of inner automorphisms and H is the desired extension of A by B inducing σ.

STEP 2: Since J is essentially the same as the group of inner automorphisms of A, we have $o(J) = [A : \mathfrak{z}A]$. Since $(o(A),o(B)) = 1$ by hypothesis, the orders $o(J)$ and $o(B) = [H : J]$ are relatively prime too. Hence J is a normal Hall subgroup of H. Application of Schur's Theorem [Remark 1.6] shows the existence of a complement T of J in H.

If b is an element in B, then T contains one and only one element of the form (β,b), since every coset of H/J contains one and only one element in T, and since mapping b upon the elements in H whose second coordinate is b is an isomorphism of B upon H/J This uniquely determined element (β,b) has a uniquely determined first coordinate which we denote by b^τ.

Clearly τ is a single valued mapping of B into the group of automorphisms of A; and b^{τ} belongs to the class b^{σ} of automorphisms, since H consists of all pairs (β, b) with b in B and β in b^{τ}. If x,y are elements in B, then (x^{τ}, x) and (y^{τ}, y) are welldetermined elements in the complement T of J in H. Consequently

$$(x^{\tau}, x)(y^{\tau}, y) = (x^{\tau}y^{\tau}, xy)$$

belongs to T too. But T contains one and only one element of the form (λ, xy), namely $([xy]^{\tau}, xy)$; and this implies $[xy]^{\tau} = x^{\tau}y^{\tau}$. Hence τ is a homomorphism; and the proof of (2.1*) has been completed.

STEP 3: If τ is a homomorphism of B into the group of automorphisms of A such that b^{σ} contains, for every b in B, the automorphism b^{τ}, then we construct an extension of A by B as follows:

Denote by E the totality of all pairs (a,b) with a in A and b in B and define

$$(a,b)(u,v) = au^{(b^{\tau})^{-1}}bv .$$

One verifies easily that E is a group. Mapping (a,b) upon b we obtain a homomorphism η of E upon B whose kernel $\bar{A}$ consists just of the pairs (a,1) for a in A. If we identify a and (a,1), then $\bar{A} = A$ and E is an extension of A by B. The totality C of all elements of the form (1,b) for b in B is a complement of A in E and (1,b) induces in A just the automorphism b^{τ}. The coset (A,b) of E modulo A induces in A therefore exactly the class b^{σ} of automorphisms of A. Hence E is an extension of A by B which induces σ.

Combining (2.1*) with the construction of Step 3, the proof of Theorem 2.1 is completed.

REMARKS TO STEP 3: Naturally we may identify b and (1,b). Then C = B so that E is the product of its subgroup B and its normal subgroup A. In the construction of Step 3 no use has been made of the finiteness of A and B nor of $(o(A),o(B)) = 1$. What has been used, is the existence of the homomorphism τ of B in the group of automorphisms of A with the property:

(✻) b^{τ} belongs to b^{σ} for every b in B.

We obtained then a splitting extension of A by B inducing σ. That the existence of such a splitting extension conversely implies the existence of a homomorphism τ with the property (✻), is easily verified. - Since the only inner automorphism of an abelian group is the identity, we have $\sigma = \tau$ in the case of abelian A. Thus the construction of Step 3 includes the proof of the existence of the desired extensions with abelian kernel A.

REMARK 2.2: It is apparent from our proof that the hypothesis

A and B are finite groups of relatively prime order

has not fully been used. We needed only

$A/\mathfrak{z}A$ and B are finite groups of relatively prime order.

In our next result, however, the first hypothesis will be needed fully.

THEOREM 2.3: *Assume that* K *is a normal Hall subgroup of the groups* G *and* H *and that* $\{{\gamma \atop \eta}\}$ *is the homomorphism of* $\{{G/K \atop H/K}\}$ *into the group of outer automorphisms of* K, *induced by* $\{{G \atop H}\}$ *Then* G *and* H *are isomorphic if, and only if, there exists an automorphism* α *of* K *and an isomorphism* β *of* G/K *upon* H/K *such that* (✻) $\alpha^{-1}X^{\gamma}\alpha = X^{\beta\eta}$ *for every* X *in* G/K.

Note that (✻) may be expressed shortly as $\gamma\alpha = \beta\eta$.

PROOF: If λ is an isomorphism of G upon H, then λ maps K upon itself, since K is the totality of solutions of the equation

$$x^{o(K)} = 1$$

both in G and in H. It follows that λ induces an automorphism α in K and an isomorphism β of G/K upon H/K. If x is an element in

G and y is an element in K, then we have

$$(y^x)^{\alpha} = (x^{-1}yx)^{\lambda} = x^{-\lambda}y^{\lambda}x^{\lambda} = (y^{\alpha})^{x^{\lambda}}$$

If X = Kx, then it follows that

$$X^{\gamma}\alpha = \alpha X^{\beta\eta}$$

proving the necessity of our condition.

We assume conversely the existence of an automorphism α of K and an isomorphism β of G/K upon H/K such that $\gamma\alpha = \beta\eta$. Since K is a normal Hall subgroup of G, there exists by Schur's Theorem [Remark 1.6] a complement T of K in G. Every element t in T induces in K a well determined automorphism $\hat{t}$; and the mapping of t onto $\hat{t}$ consitutes a homomorphism of T upon a group $\hat{T}$ of automorphisms of K. If we denote by J the group of inner automorphisms of K, then we have furthermore

$$J\,\hat{t} = (K\,t)^{\gamma} \qquad \text{for every } t \text{ in } T.$$

Since J is a normal subgroup of the group of all automorphisms of K, application of condition (*) gives us the following result:

$$J(\alpha^{-1}\,\hat{t}\alpha) = \alpha^{-1}(J\,\hat{t})\alpha = \alpha^{-1}(K\,t)^{\gamma}\alpha = (K\,t)^{\beta\eta}$$

for every t in T.

Denote now by S the totality of elements s in H with the property:

the automorphism $\hat{s}$, induced by s in K, belongs to the group $\alpha^{-1}\,\hat{T}\alpha$.

Since $\alpha^{-1}\,\hat{T}\alpha$ is a group of automorphisms of K, and since a homomorphism is obtained by mapping an element h in H upon the induced automorphism $\hat{h}$ of K, it follows that S is a subgroup of H. It is clear that $\mathfrak{z}K \leq S$. Since $\mathfrak{z}K$ is a characteristic subgroup of the characteristic subgroup K of H, it is a characteristic subgroup of H and S. If the element x in K belongs to S, then, by definition, $\hat{x} = a^{-1}\hat{t}a$ for some t in T. Since o(T) = [G:K] is prime to o(K) by hypothesis, the orders of $\hat{x}$ and $a^{-1}\hat{t}a$ are relatively prime and hence equal to 1. Thus $\hat{x} = 1$ proving that x belongs to $\mathfrak{z}K$. Consequently

$$\mathfrak{z}K = K \cap S.$$

If h is an element in H, then $(Kh)^{\beta^{-1}}$ is an element in G/K. Since T is a complement of K in G, there exists one and only one element $\bar{h}$ in $T \cap (Kh)^{\beta^{-1}}$. Using a previous result, we find

$$J(a^{-1}\hat{\bar{h}}a) = (K\bar{h})^{\beta\eta} = (K h)^{\eta}.$$

Consequently there exists an element s in K h such that $\hat{s} = a^{-1}\hat{\bar{h}}a$. It follows from our definition of S, that s belongs to S. Hence h belongs to KS; and we have shown that

$$H = K S.$$

It follows in particular that

$$[H:K] = [S:K \cap S] = [S: \mathfrak{z}K].$$

Hence $\mathfrak{z}K = K \cap S$ is a normal Hall subgroup of S. Application of Schur's Theorem [Remark 1.6] shows the existence of a complement R of $K \cap S$ in S. Clearly

$$H = K S = K R, \quad K \cap R = K \cap S \cap R = 1$$

so that R is a complement of K in H.

If t is an element in T, then $(K t)^{\beta} \cap R$ is a well determined element t^{ρ}. Mapping t onto Kt is an isomorphism of T upon G/K; β is an isomorphism of G/K upon H/K; and mapping X in H/K upon $X \cap R$ is an isomorphism of H/K upon R, since R is a complement of K in H and T a complement of K in G. Hence ρ is an isomorphism of T upon R.

If t is an element in T, then $K t^{\rho} = (K t)^{\beta}$ and hence

$$(K t^{\rho})^{\eta} = J(a^{-1}\hat{t}a).$$

But $\widehat{(t^{\rho})}$ belongs to $K(a^{-1}\hat{t}a)$; and now it follows that

$$a^{-1}\hat{t}a = \widehat{t^{\rho}} \qquad \text{for every } t \text{ in } T.$$

If g is an element in G, then it may be written in one and only one way in the form

$$g = g_K\, g_T \qquad \text{with } g_K \text{ in K and } g_T \text{ in T},$$

since T is a complement of K in G. It follows that a single valued mapping ν of G into H is defined by

$$g^{\nu} = g_K{}^{\alpha}\, g_T{}^{\rho}$$

Since α is an automorphism of K and ρ an isomorphism of T upon R, it follows that ν maps G upon H. But G and H have the same order. Hence ν is a one to one mapping of G upon H. Noting finally that α is an automorphism of K, ρ an isomorphism of T upon R, and that the induced isomorphisms are connected by

$$\alpha^{-1}\,\hat{t}\alpha = \widehat{t^{\rho}} \quad \text{for every t in T,}$$

one verifies that ν is an isomorphism of G upon H which, incidentally, induces α in K and β in G/K.

REMARK 2.4: It is seen from Theorem 2.3 that the structure of the extension of A by B with (o(A),o(B)) = 1 is essentially determined by the nature of the induced homomorphism σ of B into the outer automorphism group of A .

LITERATURE

R.Baer : Erweiterungen von Gruppen und ihren Isomorphismen
Math.Zeitschr.38(1934), 375-416

W.Specht : Gruppentheorie. Kap.3.3 [with further references]
Berlin-Göttingen-Heidelberg 1956

A.M.Turing : The extensions of a group
Comp.Math.5 (1938), 357-367

3. THE PRINCIPAL GENUS THEOREM.

If A and B are groups, and if σ is a homomorphism of B into the group of automorphisms of A, then the triplet $(A,B,\sigma) = \mathfrak{R}$ is often called *a representation of* B *in* A. In many instances it will be possible without danger of confusion to denote by x for x in B the automorphism x^{σ}; and this we shall do whenever convenient. - If $(o(A), o(B)) = 1$, then $\mathfrak{R}$ is a Hall representation.

A crossed homomorphism of the representation $(A,B,\sigma) = \mathfrak{R}$ is a single valued mapping f of B into A such that

$$(xy)^f = (x^f)^y y^f \qquad \text{for } x, y \text{ in } B.$$

It is clear that $1^f = 1$.

If f is a crossed homomorphism of $\mathfrak{R}$ and a is an element in A, then a crossed homomorphism g of $\mathfrak{R}$ is defined by

$$x^g = a^x x^f a^{-1} \qquad \text{for every } x \text{ in } B,$$

since

$$(xy)^g = a^{xy}(x^f)^y y^f a^{-1} = [a^x x^f]^y y^f a^{-1} =$$

$$= [a^x x^f a^{-1}]^y a^y y^f a^{-1} = [x^g]^y y^g \qquad \text{for } x,y \text{ in } B.$$

If in particular a is some fixed element in A, then the function defined by

$$a^{x-1} \qquad \text{for every } x \text{ in } B$$

is a crossed homomorphism of $\mathfrak{R}$. and these special crossed homomorphisms shall be termed *inner crossed homomorphisms of* $\mathfrak{R}$. The inner crossed homomorphisms of $\mathfrak{R}$ are said to form *the principal genus of* $\mathfrak{R}$; and we shall say that the principal genus theorem is satisfied by $\mathfrak{R}$, if every crossed homomorphism of $\mathfrak{R}$ belongs to the principal genus of $\mathfrak{R}$.

THEOREM 3.1: *Assume that* K *is a normal subgroup of* G, *that* C *is a complement of* K *in* G, *and that* σ *is the homomorphism obtained by mapping elements in* C *upon the induced automorphisms of* K. *Then any two complements of* K *in* G *are conjugate in* G *if, and only if, the principal genus theorem is satisfied by the representation* (K, C, σ).

PROOF: Assume first that any two complements of K in G are conjugate in G; and consider a crossed homomorphism f of (K, C, σ). Let

$$x^* = xx^f \quad \text{for every } x \text{ in } C.$$

Then

$$(xy)^* = xy(xy)^f = xy(x^f)^y y^f = xx^f yy^f = x^* y^*$$

and

$$x \equiv x^* \quad \text{modulo } K$$

for every x, y in C. The set C^* of all the elements x^* with x in C is consequently a complement of K in G. By hypothesis, there exists an element g in G such that $C^* = C^g$. From G = CK we deduce the existence of elements c in C and k in K such that g = ck. Hence

$$C = C^g = C^k$$

so that x^k belongs to C^* for every x in C. Noting that K is a normal subgroup of G, it follows that every commutator $x^{-1}k^{-1}xk$ belongs to K; and consequently

$$x^k = x\,x^{-1}\,k^{-1}\,xk \equiv x \qquad \text{modulo } K\,.$$

If x is an element in C, then

$$x^k = C^* \cap K\,x^k = C^* \cap K\,x = C^* \cap K\,x^* = x^*,$$

since $x \equiv x^*$ modulo K and C^* is a complement of K in G. Consequently

$$x^f = x^{-1}x^* = x^{-1}x^k = x^{-1}k^{-1}x\,k = k^{-x}k = (k^{-1})^{x-1}$$

for every x in C. Thus f belongs to the principal genus and the principal genus theorem is satisfied by (K, C,σ).

Assume conversely that the principal genus theorem is satisfied by (K, C, σ); and consider a complement T of K in G. If x is an element in C, then

$$x^* = T \cap K x$$

is a well determined element in T; and the mapping $x \to x^*$ constitutes an isomorphism of C upon T. Let

$$c^f \triangleq c^{-1} c^* \qquad \text{for every } c \text{ in } C.$$

Then f is a single valued mapping of C into K; and we have

$$(xy)^f = y^{-1}x^{-1} x^*y^* = (x^f)^y y^f \qquad \text{for } x,y \text{ in } C.$$

Thus f is a crossed homomorphism. By hypothesis, there exists an e-element k in K such that

$$x^f = k^{x-1} \qquad \text{for every } x \text{ in } C.$$

It follows that

$$x^* = xx^f = xk^{x-1} = k\ x\ k^{-1} \qquad \text{for every } x \text{ in } C.$$

Consequently $T = k\,C\,k^{-1}$ proving the conjugacy of all complements of K in G.

THEOREM 3.2: *If* $(A, B, \sigma) = \mathfrak{R}$ *is a Hall representation, if no simple, non-soluble factor of* B *is isomorphic to a group of outer automorphisms of some simple, non-soluble factor of* A, *then the principal genus theorem is satisfied by* $\mathfrak{R}$.

PROOF: There exists one and essentially only one group G with the following properties:

A and B are subgroups of G and G = AB;

$b^{-1}ab = a^{b^\sigma}$ for every a in A and every b in B.

[A proof of this fact is contained in the construction of Step 3 of the proof of Theorem 2.1.]. Then A is a normal Hall subgroup of G and B is a complement of A in G.

Suppose now that S is a subgroup of G and that λ is a homomomorphism of S such that $(A \cap S)^\lambda$ and $S^\lambda/(A \cap S)^\lambda$ are simple non-soluble groups. It is clear that $(A \cap S)^\lambda$ is a factor of A; and the isomorphy

$$S/(A \cap S) \simeq AS/A \leq G/A \simeq B$$

shows that $S^\lambda/(A \cap S)^\lambda$ is a factor of B. It follows from our hypothesis that $S^\lambda/(A \cap S)^\lambda$ is not isomorphic to a group of outer automorphisms of $(A \cap S)^\lambda$. Every coset of $S^\lambda/(A \cap S)^\lambda$ induces in $(A \cap S)^\lambda$ a class of automorphisms; and in this way we have obtained a homomorphic mapping of $S^\lambda/(A \cap S)^\lambda$ into the group of outer automorphisms of $(A \cap S)^\lambda$. This homomorphism cannot be an isomorphism; and since $S^\lambda/(A \cap S)^\lambda$ is simple, it must be the trivial homomorphism. This is equivalent to saying that every element in S^λ induces an inner automorphism in $(A \cap S)^\lambda$.

Since A is a normal Hall subgroup of G, $(A \cap S)^\lambda$ is a normal Hall subgroup of S^λ. By Schur's Theorem [Remark 1.6] there exists a complement of $(A \cap S)^\lambda$ in S^λ. If C is any complement of $(A \cap S)^\lambda$ in S^λ, then the elements in C induce inner automorphisms in $(A \cap S)^\lambda$ But $((A \cap S)^\lambda, o(C)) = 1$. Hence the identity is induced by elements in C in $(A \cap S)^\lambda$. It follows that condition (2) of Theorem 1.15** is satisfied by G and its normal Hall subgroup A. Any two complements of A in G are consequently conjugate in G. Application of Theorem 3.1 shows that the principal genus theorem is satisfied by $\mathfrak{A}$.

REMARK 3.3: It is apparent from the proof that the condition of Theorem 3.2 is much stronger than needed for the verification of condition (2) of Theorem 1.15**. Its advantage is the fact that the homomorphism σ does not enter into it. - It seems, however, that a condition exactly equivalent to condition (2) of Theorem 1.15** might be quite involved to state.

4. THE EXISTENCE OF NORMAL HALL SUBGROUPS.

The problem to be discussed in this section is a special case of a very general problem. This we state first in order to give our discussion its proper background.

Denote by Σ some property of group elements. Examples of such properties are a dime a dozen: the property of being a commutator; the property of commuting with all elements of order 2; the property of being a p-th power etc. If G is a group, then we may form the set G_Σ of all the elements with property Σ in G. The elements with the property Σ [the elements in G_Σ] are the Σ-elements in G; and the group G is a Σ-group in case $G = G_\Sigma$ [i.e. whenever every element in G is a Σ-element]. Clearly the following two properties of a group G and a property Σ are equivalent: (a) If a and b are Σ-elements, then ab^{-1} is a Σ-element; and G_Σ is not vacuous.
(b) G_Σ is a subgroup of G. We shall term a group G a Σ-closed group whenever the equivalent properties (a) and (b) are satisfied by G and Σ. The problem is to find criteria for Σ-closure.- Let us point out in passing that sometimes every group is Σ-closed [for instance, if Σ is the property of being a center element] and that sometimes no group is Σ-closed [for instance, if Σ is the property of being different from 1].

We come now to a description of the special property we are interested in. Denote by σ a set of primes. Then we term a group element g an *σ-element* in case its order o(g) is divisible by primes in σ only. It is well known (Theorem of Cauchy) that all prime divisors of the order o(G) of the group G belong to σ if, and only if, every element in G is an σ-element; and thus the property of being an σ-group may be described by either of these equivalent conditions. A convenient way to express such facts which will prove useful later on may be obtained as follows. Term the integer n an *$\mathfrak{S}$-number* in case its prime divisors belong to $\mathfrak{S}$. Then the group element g is an $\mathfrak{S}$-element if o(g) is an $\mathfrak{S}$-number and the group G is an $\mathfrak{S}$-group in case o(G) is an $\mathfrak{S}$-number.

Every group contains $\mathfrak{S}$-elements, for instance the identity 1. If g is an $\mathfrak{S}$-element, then so is g^i for every integer i; and likewise g^σ is an $\mathfrak{S}$-element for every homomorphism σ of the group G containing g. The set $G_\mathfrak{S}$ of $\mathfrak{S}$-elements is consequently fully invariant [and more]. Furthermore the group G is $\mathfrak{S}$-closed if, and only if, products of $\mathfrak{S}$-elements are again $\mathfrak{S}$-elements.

If G is $\mathfrak{S}$-closed, then $G_\mathfrak{S}$ is a fully invariant subgroup of G. It is clear that $o(G_\mathfrak{S})$ is an $\mathfrak{S}$-number dividing o(G). Suppose now that the coset X of $G/G_\mathfrak{S}$ is an $\mathfrak{S}$-element. If x is any element in X, then x = x'x" where x' is an $\mathfrak{S}$-element whereas o(x") is prime to every prime in $\mathfrak{S}$ [and where x'x" = x"x']. Clearly $X = G_\mathfrak{S} x = G_\mathfrak{S} x''$; and this implies that o(X) is - as a divisor of o(x") - prime to every prime in $\mathfrak{S}$. Hence X = 1; and this proves that every element in $G/G_\mathfrak{S}$ has order prime to all primes in $\mathfrak{S}$. The order $[G : G_\mathfrak{S}]$ is consequently prime to every prime in $\mathfrak{S}$. Thus G is a normal Hall subgroup of G and its order is exactly the l.c.m. $o(G)_\mathfrak{S}$ of all $\mathfrak{S}$-numbers dividing o(G).

Assume conversely that K is a normal Hall subgroup of G; and denote by $\sigma(K)$ *the characteristic of* K, i.e. the set of all prime divisors of o(K). If the element g in G is a $\sigma(K)$-element, then the coset Kg is likewise a $\sigma(K)$-element. But the order o(G/K) = [G : K] is prime to every prime in $\sigma(K)$ so that Kg = 1 and g belongs to K. Consequently $K = G_{\sigma(K)}$ and the group G is $\sigma(K)$-closed.

Combining these last remarks we see that the group G is $\mathfrak{S}$-

closed if and only if, G possesses a normal Hall subgroup of order $o(G)_{\sigma}$; and thus we have established the connection between σ-closure and the existence of normal Hall subgroups.

We note: if G is σ-closed, then $o(G)_{\sigma}$ is the number of σ-elements in G. Frobenius has posed the question whether the converse is true. This problem has as yet not found a solution.

It is clear that subgroups of σ-closed groups are likewise σ-closed. If K is a normal subgroup of G, then the coset X of G modulo K is an σ-element in G/K if, and only if, X contains an σ-element. It follows that σ-closure of G implies σ-closure of G/K.

If G is an σ-closed group, then its subgroup U is likewise σ-closed. It follows that the number of σ-elements in U is exactly $o(U)_{\sigma}$. Accordingly we term the group G *weakly σ-closed* if $o(U)_{\sigma}$ is, for every subgroup U of G, the exact number of σ-elements in U. Again it is unknown whether weak σ-closure implies σ-closure; and it is likewise unknown whether the group G is weakly σ-closed in case the number of σ-elements in G is exactly $o(G)_{\sigma}$.

LEMMA 4.1: *Subgroups and epimorphic images of weakly σ-closed groups are likewise weakly σ-closed.*

PROOF: It is clear that subgroups of weakly σ-closed groups are likewise weakly σ-closed. - Let us consider now the normal subgroup K of the weakly σ-closed group G. Suppose next that the integer i is prime to every prime in σ. Then raising every σ-element in G into its i-th power effects a permutation of the σ-elements in G, since it effects an automorphism in every cyclic σ-subgroup of G. If X is an σ-element in G/K, then X^i is likewise an σ-element in G/K and the σ-elements in the coset X^i are just the i-th powers of the $\mathfrak{S}$-elements in X. It follows that X and X^i contain the same number of $\mathfrak{S}$-elements. Thus we have shown:

(*) if the $\mathfrak{S}$-elements X and Y in G/K generate the same cyclic $\mathfrak{S}$-subgroup of G/K, then the cosets X and Y of G modulo K contain the same number of $\mathfrak{S}$-elements.

Since G is weakly $\mathfrak{S}$-closed, the number of $\mathfrak{S}$-elements in K is exactly $k = o(K)_{\mathfrak{S}}$. We are going to prove next the following fact.

(**) If X is an $\mathfrak{S}$-element in G/K, then k is the number of $\mathfrak{S}$-elements in the coset X of G modulo K.

This is certainly true, if $o(X) = 1$, since then X = K. We may consequently make the inductive hypothesis that (**) is true for all $\mathfrak{S}$-elements X in G/K whose order o(X) is smaller than a certain positive $\mathfrak{S}$-number $n \neq 1$. Assume that the $\mathfrak{S}$-element Y in G/K has exactly the order o(Y) = n. Denote by S the uniquely determined subgroup of G which contains K and satisfies $S/K = \{Y\}$. The number of $\mathfrak{S}$-elements in S is because of the weak $\mathfrak{S}$-closure of G exactly $o(S)_{\mathfrak{S}}$. Since the order $n = [S : K]$ of the cyclic group $\{Y\} = S/K$ is an $\mathfrak{S}$-number, we have furthermore

$$o(S)_{\mathfrak{S}} = o(K)_{\mathfrak{S}}\,[S : K]_{\mathfrak{S}} = kn .$$

If h is the number of $\mathfrak{S}$-elements in Y, then h is, by (*), the number of $\mathfrak{S}$-elements in every coset C generating $\{Y\}$. If the coset V in $\{Y\}$ does not generate $\{Y\}$, then V is an $\mathfrak{S}$-element of order smaller than n; and the inductive hypothesis shows that the number of $\mathfrak{S}$-elements in the coset V is just k. Denoting by j the number of elements of order n in the cyclic group S/K [which equals the number of elements generating this cyclic group S/K], then it follows that the number of $\mathfrak{S}$-elements in S is

$$kn = o(S)_{\mathfrak{S}} = jh + (n - j)k.$$

Hence j(h - k) = 0 so that h = k, completing the inductive proof
of (**).

Consider now some subgroup of G/K. It has the form W/K. The
number of $\mathscr{b}$-elements in W is because of the weak $\mathscr{b}$-closure of G
exactly o(W)$_\mathscr{b}$. If r is the number of $\mathscr{b}$-elements in W/K, then we
deduce from (**) that

$$ro(K)_\mathscr{b} = rk = o(W)_\mathscr{b} = o(K)_\mathscr{b} \, [W : K]_\mathscr{b} \, ,$$

since every $\mathscr{b}$-element in W belongs to one and only one $\mathscr{b}$-element
in W/K; and this proves the desired r = $[W : K]_\mathscr{b}$ = o(W/K)$_\mathscr{b}$

If $\mathscr{U}$ is a set of primes, then we term the group G an $\mathscr{U}$-ho-
mogeneous group, if it meets the following requirement:
($\mathscr{U}$) Elements in G induce $\mathscr{U}$-automorphisms in $\mathscr{U}$-subgroups of G.
More precisely: If U is an $\mathscr{U}$-subgroup of G, then automorphisms
are induced in U by those elements in G which belong to the normalizer $\mathscr{N}$U of U in G. Mapping every element in $\mathscr{N}$U upon the induced automorphism of U we obtain a [natural] homomorphism of $\mathscr{N}$U
upon a group of automorphism of U whose kernel is the centralizer
$\mathscr{C}$U of U in G. Thus $\mathscr{N}$U/$\mathscr{C}$U is essentially the same as the group
of induced automorphisms of U. Since a group is an $\mathscr{U}$-group if, and
only if, all its elements are $\mathscr{U}$-elements, the requirement ($\mathscr{U}$) may
now be restated in the following equivalent form:
($\mathscr{U}^*$) If U is an $\mathscr{U}$-subgroup of G, then $\mathscr{N}$U/$\mathscr{C}$U is an $\mathscr{U}$-group.

In order to express a result showing the relevance of this
concept for our purposes, we denote by $\mathscr{b}'$ the set of all primes
not in $\mathscr{b}$.
LEMMA 4.2: Weakly $\mathscr{U}$-closed groups are $\mathscr{U}'$-homogeneous.
PROOF: Consider an $\mathscr{U}'$-subgroup U of the weakly $\mathscr{U}$-closed group G;
and suppose that the $\mathscr{U}$-element g belongs to the normalizer $\mathscr{N}$U
of U. Then V = $\{U, g\}$ = U $\{g\}$ is a subgroup of order o(V) = o(U)o(
since the $\mathscr{U}$-number o(g) and the $\mathscr{U}'$-number o(U) are relatively pri-

me. The number of $\mathfrak{P}$-elements in V is $o(V)_{\mathfrak{P}} = o(g)$, since G is weakly $\mathfrak{P}$-closed. Since the cyclic group $\{g\}$ contains exactly $o(g)$ elements, it follows that $V_{\mathfrak{P}} = \{g\}$; and that therefore $\{g\}$ is a normal subgroup of V. Hence $V = U \otimes \{g\}$ is the direct product of U and $\{g\}$ so that g belongs to $\mathfrak{Z}U$. Thus $\mathfrak{Z}U$ contains all the $\mathfrak{P}$-elements in $\mathfrak{N}U$; and this implies that $\mathfrak{N}U/\mathfrak{Z}U$ is an $\mathfrak{P}'$-group. Hence G is $\mathfrak{P}'$-homogeneous.

LEMMA 4.3: *If* G *is not* $\mathfrak{P}$*-homogeneous, though every proper subgroup of* G *is* $\mathfrak{P}$*-homogeneous, then there exists a prime* q *in* $\mathfrak{P}$ *and a prime* p *in* $\mathfrak{P}'$ *such that* G *is an extension of a normal* q*-subgroup* Q *by a cyclic* p*-group* G/Q.

PROOF: Since G is not $\mathfrak{P}$-homogeneous, there exists an $\mathfrak{P}$-subgroup R of G such that $\mathfrak{N}R/\mathfrak{Z}R$ is not an $\mathfrak{P}$-group. Consequently $\mathfrak{N}R$ is not $\mathfrak{P}$-homogeneous either; and we deduce $G = \mathfrak{N}R$ from the minimality property of G. Since $R.\mathfrak{Z}R/\mathfrak{Z}R$ is an $\mathfrak{P}$-group whereas $\mathfrak{N}R/\mathfrak{Z}R = G/\mathfrak{Z}R$ is not an $\mathfrak{P}$-group, and since $R.\mathfrak{Z}R$ is a normal subgroup of $\mathfrak{N}R = G$, there exists a prime p in $\mathfrak{P}'$ and a subgroup $L/[R.\mathfrak{Z}R]$ of order p of $G/[R.\mathfrak{Z}R]$. We conclude again that L is not $\mathfrak{P}$-homogeneous and that therefore $L = G$. Hence $[G : R.\mathfrak{Z}R] = p$ is a prime in $\mathfrak{P}'$. This implies the existence of a p-element w in G which does not belong to $R.\mathfrak{Z}R$. Since R is a normal subgroup of $\mathfrak{N}R = G$, it follows that w induces an automorphism of order p in R. Since $R\{w\}$ is not $\mathfrak{P}$-homogeneous, it follows that $G = R\{w\}$; and this implies in particular that $\{w\}$ is a p-Sylow subgroup of G and that $G/R \simeq \{w\}$ is a cyclic p-group.

Since w induces an automorphism of order p in R, it does not commute with every element in R. Hence $\mathfrak{Z}w \cap R \neq R$. Consequently there exists a prime divisor q of $[R : R \cap \mathfrak{Z}w]$; and q belongs to $\mathfrak{P}$, since R is an $\mathfrak{P}$-group. Consider now a q-Sylow subgroup Q of R.

It is a consequence of Lemma 1.7 that $\mathfrak{N}Q$ is a supplement of R. Since $G = R\{w\} = R.\mathfrak{N}Q$ is the product of R and the p-Sylow subgroup $\{w\}$ of G, it follows that $\mathfrak{N}Q$ contains a p-Sylow subgroup of G. Since p-Sylow subgroups of G are conjugate in G, we may assume without loss in generality that Q has been chosen in such a way that w belongs to $\mathfrak{N}Q$. Since Q is an $\mathfrak{P}$-group, and since Q cannot be part of $\mathfrak{L}w$ and w therefore does not belong to $\mathfrak{L}Q$, the subgroup $Q\{w\}$ of G is not $\mathfrak{P}$-homogeneous. Because of the minimality of G, it follows that $Q\{w\}$ is not a proper subgroup of G. Consequently $G = Q\{w\}$; and this implies because of $G = R\{w\}$, $Q \leq R$ and $R \cap \{w\} = 1$ that $Q = R$. This completes the proof.

LEMMA 4.4: *Subgroups and epimorphic images of $\mathfrak{P}$-homogeneous groups are $\mathfrak{P}$-homogeneous.*

PROOF: It is an immediate consequence of the definition of homogeneity that this property is inherited by subgroups. - Consider a normal subgroup K of the $\mathfrak{P}$-homogeneous group G; and assume by way of contradiction that G/K is not $\mathfrak{P}$-homogeneous. Then there exists among the subgroups of G/K which are not $\mathfrak{P}$-homogeneous one, say W/K, which is not $\mathfrak{P}$-homogeneous, though every proper subgroup of W/K is $\mathfrak{P}$-homogeneous. Application of Lemma 4.3 shows the existence of a prime p in $\mathfrak{P}'$, a prime q in $\mathfrak{P}$ and of a normal q-subgroup V/K of W/K with cyclic p-quotient group W/V. If Q is a q-Sylow subgroup of the normal subgroup V of W, then V = KQ, since V/K is a q-group, Q is a q-Sylow subgroup of W and W/V is a p-group with $p \neq q$; and we deduce

$$W = V.\mathfrak{N}Q = K.Q.\mathfrak{N}Q = K.\mathfrak{N}Q$$

from Lemma 1.7. If P is a p-Sylow subgroup of $\mathfrak{N}Q$, then W = VP is a consequence of the facts that W/V is a p-group, that $K \leq V \leq W$ and that $W = K.\mathfrak{N}Q$. Since Q is an $\mathfrak{P}$-subgroup of the $\mathfrak{P}$-homogeneous group G, $\mathfrak{N}Q/\mathfrak{L}Q$ is an $\mathfrak{P}$-group. Since p belongs to $\mathfrak{P}'$, it follows that $P \leq \mathfrak{L}Q$. Noting that W = VP = KQP, it follows finally that q-automorphisms only are induced in V/K by elements in W/K = = KQP/K. Since W/K is an extension of the q-group V/K by the cyclic p-group W/V, since q is in $\mathfrak{P}$ and p in $\mathfrak{P}'$, we see that W/K is $\mathfrak{P}$-homogeneous, a contradiction which proves our result.

It is quite easy to produce examples of simple groups which are $\mathfrak{P}'$-homogenous, but not $\mathfrak{P}$-closed. The alternating group of degree 5 [and order 60] is certainly not 5-closed; but it is 5'-homogenous.

LEMMA 4.5: *The group* G *with normal subgroup* K *is* $\mathfrak{P}$*-closed, if and only if,* K *and* G/K *are* $\mathfrak{P}$*-closed and* G *is* $\mathfrak{P}'$*-homogeneous.*

PROOF: The necessity of our conditions is obtained by noting that subgroups and quotient groups of $\mathfrak{P}$-closed groups are $\mathfrak{P}$-closed, that $\mathfrak{P}$-closed groups are weakly $\mathfrak{P}$-closed, and that weakly $\mathfrak{P}$-closed groups are $\mathfrak{P}'$-homogeneous [Lemma 4.2].

Assume conversely the validity of our conditions. Then the totality $K_{\mathfrak{P}}$ of the $\mathfrak{P}$-elements in K is a characteristic subgroup of K; and the totality $(G/K)_{\mathfrak{P}} = H/K$ of $\mathfrak{P}$-elements in G/K is a characteristic subgroup of G/K. Thus $K_{\mathfrak{P}}$ and H are normal subgroups of G satisfying $K_{\mathfrak{P}} \leq K \leq H$. Furthermore $K/K_{\mathfrak{P}}$ and G/H are $\mathfrak{P}'$-groups whereas $K_{\mathfrak{P}}$ and H/K are $\mathfrak{P}$-groups.

Let $H^* = H/K_{\mathfrak{P}}$ and $K^* = K/K_{\mathfrak{P}}$. Then K^* is a normal $\mathfrak{P}'$-subgroup of H^* and H^*/K^* is an $\mathfrak{P}$-group. Since G is $\mathfrak{P}'$-homogeneous, so is H^* [Lemma 4.4]. Consequently $H^* = K^* \cdot \mathfrak{L}K$. Since $H^*/K^* \simeq \mathfrak{L}K^*/(K^* \cap \mathfrak{L}K^*)$ is an $\mathfrak{P}$-group whereas $\mathfrak{z}K^* = K^* \cap \mathfrak{L}K^*$ is an $\mathfrak{P}'$-group, application of Schur's Theorem [Remark 1.6] shows the existence of a complement E^* of $\mathfrak{z}K^*$ in $\mathfrak{L}K^*$. Then E^* is a complement of K^* in H^* whose elements commute with every element in K^* . Consequently H^* is the direct product of K^* and E^* . Noting again that K^* is an $\mathfrak{P}'$-group whereas H^*/K^* is an $\mathfrak{P}$-group, it follows that E^* is the characteristic subgroup of all the $\mathfrak{P}$-elements in H^* . If $E^* = E/K$, then E is a normal $\mathfrak{P}$-subgroup of G; and $[G:E] = [G:H][H:E] = [G:H][H^*:E^*] = [G:H][K:K_{\mathfrak{P}}]$ is an $\mathfrak{P}'$-number. The normal $\mathfrak{P}$-subgroup E with $\mathfrak{P}'$-quotient group G/E is consequently the totality $G_{\mathfrak{P}}$ of all the $\mathfrak{P}$-elements in G, proving $\mathfrak{P}$-closure of G.

THEOREM 4.6: *The following properties of the group* G *are equivalent*:

(i) G *is* $\mathfrak{P}$-*closed*

(ii) G *is* $\mathfrak{P}'$-*homogeneous and every composition factor of* G *is either an* $\mathfrak{P}$-*group or an* $\mathfrak{P}'$-*group*.

(iii) G *is weakly* $\mathfrak{P}$-*closed; and different maximal* $\mathfrak{P}$-*subgroups of composition factors of* G *have intersection* 1.

PROOF: If G is $\mathfrak{P}$-closed, then G is weakly $\mathfrak{P}$-closed, as pointed out before; and weakly $\mathfrak{P}$-closed groups are $\mathfrak{P}'$-homogeneous [Lemma 4.2]. Since composition factors of $\mathfrak{P}$-closed groups are $\mathfrak{P}$-closed simple groups, they are either $\mathfrak{P}$-groups or $\mathfrak{P}$ -groups; and thus we see that conditions (ii) and (iii) are consequences of (i).

By a fairly obvious inductive argument one deduces from Lemma 4.5 that $\mathfrak{P}$-closure is a consequence of (ii).

If $\mathfrak{P}$ -closure were not a consequence of condition (iii), then there would exist a group G of minimal order with the following properties:

(1) G is not $\mathfrak{P}$-closed.

(2) G is weakly $\mathfrak{P}$-closed.

(3) If E is a composition factor of G, and if $A \neq B$ are different maximal $\mathfrak{P}$-subgroups of E, then $A \cap B = 1$.

If G were not simple, then there would exist a normal subgroup K of G with $1 < K < G$. Since weak $\mathfrak{U}$-closure is inherited by subgroups and epimorphic images [Lemma 4.1], and property (3) is clearly inherited by normal subgroups and epimorphic images, properties (2) and (3) are satisfied by K and G/K. Because of the minimality of G this implies $\mathfrak{U}$-closure of K and G/K. Furthermore we deduce $\mathfrak{U}'$-homogeneity of G from (2) and Lemma 4.2. Hence $\mathfrak{U}$-closure of G is a consequence of Lemma 4.5, contradicting (1). Thus we have shown that

(5) G is simple.

Every $\mathfrak{U}$-element in G belongs to some maximal $\mathfrak{U}$-subgroup of G. If A, B are two different maximal $\mathfrak{U}$-subgroups of G, then $A \cap B = 1$ by (5) and (3). Hence

(6) every $\mathfrak{U}$-element $\neq 1$ in G belongs to one and only one maximal $\mathfrak{U}$-subgroup of G.

If A is a maximal $\mathfrak{U}$-subgroup of G, and if $B = \mathfrak{N}A$ is the normalizer of A in G, then $B_{\mathfrak{U}} = A$, since $\{A, b\} = A\{b\}$ is, for every (-element b in B, an $\mathfrak{U}$-subgroup of G. Hence

(7) If B is the normalizer of the maximal $\mathfrak{U}$-subgroup A of G, then $B_{\mathfrak{U}} = A$ and $o(B)_{\mathfrak{U}} = o(A)$.

It follows from (1) that G is neither an $\mathfrak{U}$-group nor an $\mathfrak{U}'$-group. Thus maximal $\mathfrak{U}$-subgroups A of G are proper subgroups. Since G is simple by (5), A is not a normal subgroup of G. Hence we see

(8) If B is the normalizer of the maximal $\mathfrak{U}$-subgroup A of G, then $1 < A \leq B < G$.

Denote now by $\mathfrak{K}$ some class of conjugate maximal $\mathfrak{U}$-subgroups of G . All the subgroups in $\mathfrak{K}$ have the same order which we denote by $o(\mathfrak{K})$ and the number of subgroups in $\mathfrak{K}$ may be denoted by $j(\mathfrak{K})$.

If A is one of the maximal $\mathfrak{U}$-subgroups in $\mathfrak{K}$, and if B is the normalizer of A in G, then

$$o(A) = o(\mathfrak{K}),\ [G:B] = j(\mathfrak{K})$$

Application of (7) shows now that

(9') $o(G)_{\mathfrak{U}} = o(B)_{\mathfrak{U}}\,[G:B]_{\mathfrak{U}} = o(\mathfrak{K})[G:B] = o(\mathfrak{K})j(\mathfrak{K})$.

Next we note that, because of (6), the number of $\mathfrak{U}$-elements, not 1, contained in subgroups in $\mathfrak{K}$ is just

$$j(\mathfrak{K})[o(\mathfrak{K}) -1] ;$$

and now it follows from (2) and (6) that

(9") $o(G)_{\mathfrak{U}} -1 = \sum_{\mathfrak{K}} j(\mathfrak{K})[o(\mathfrak{K}) -1]$

where the summation ranges over all the classes $\mathfrak{K}$ of conjugate maximal $\mathfrak{U}$-subgroups of G.

If $\mathfrak{K}$ is again one of these classes of conjugate maximal $\mathfrak{U}$-subgroups of G, then we let $h = j(\mathfrak{K})\ j(\mathfrak{K})^{-1}$. This is a positive integer as is $o(\mathfrak{K})$. Hence we deduce from (9') and (9") that

$$0 \leq (h-1)(o(\mathfrak{K})-1) = j(\mathfrak{K})_{\mathfrak{U}}^{-1}\ j(\mathfrak{K})[o(\mathfrak{K})-1] - o(\mathfrak{K}) + 1 <$$

$$< j(\mathfrak{K})_{\mathfrak{U}}^{-1}\ o(G)_{\mathfrak{U}} - o(\mathfrak{K}) + 1 = 1 .$$

But $o(\mathfrak{K}) \neq 1$ and so it follows that h = 1, proving

(10) $j(\mathfrak{K}) = j(\mathfrak{K})_{\mathfrak{U}}$

Combining this with (9') we find that

(8*) $o(G)_{\mathfrak{U}} = o(\mathfrak{K})\ j(\mathfrak{K})$.

Denote now by k the number of classes of conjugate maximal $\mathfrak{U}$-subgroups of G. Combining (8*) and (9") we find

(9*) $o(G)_{\mathfrak{U}} -1 = k\ o(G)_{\mathfrak{U}} - \sum_{\mathfrak{K}} j(\mathfrak{K})$

Next we recall that $o(\mathfrak{K})$ is at least 2; and thus it follows from (8*) that

$$2\ j(\mathfrak{K}) \leq o(G)_{\mathfrak{U}}$$

Combining this with (9*) we find

$$\tfrac{1}{2}k\ o(G)_{\mathfrak{U}} \leq k\,o(G)_{\mathfrak{U}} - \sum_{\mathfrak{K}} j(\mathfrak{K}) < o(G)_{\mathfrak{U}}$$

Hence $0 < k < 2$ so that $k = 1$. In other words: there exists one and only one class $\mathfrak{K}$ of conjugate maximal $\mathfrak{U}$-subgroups of G. Substituting all this in (9^*) we find

$$o(G)_{\mathfrak{U}} - 1 = o(G)_{\mathfrak{U}} - j(\mathfrak{K})$$

so that $j(\mathfrak{K}) = 1$. Thus the class $\mathfrak{K}$ of conjugate maximal $\mathfrak{U}$-subgroups of G contains one and only one individual A. It follows that every $\mathfrak{U}$-element in G belongs to A. Hence G is $\mathfrak{U}$-closed, contradicting (1). This completes the proof.

REMARK 4.7: The equivalence of properties (i) and (ii) contains as special case the following fact:

The soluble group G is $\mathfrak{U}$-closed if, and only if, it is $\mathfrak{U}'$-homogeneous.

COROLLARY 4.8: *The group* G *is an* $\mathfrak{U}$*-closed group with nilpotent* $G_{\mathfrak{U}}$ *if, and only if,* G *is weakly* $\mathfrak{U}$*-closed and every* $\mathfrak{U}$*-subgroup of* G *is nilpotent.*

PROOF: The necessity of our conditions is fairly obvious. If our conditions would not be sufficient, then there would exist a group G of minimal order with the following properties:

(1) G is not an $\mathfrak{U}$-closed group with nilpotent $G_{\mathfrak{U}}$.

(2) G is weakly $\mathfrak{U}$-closed.

(3) Every $\mathfrak{U}$-subgroup of G is nilpotent.

If G were $\mathfrak{U}$-closed, then the $\mathfrak{U}$-subgroup $G_{\mathfrak{U}}$ would be nilpotent by (3). This contradicts (1). Hence

(1^*) G is not $\mathfrak{U}$-closed.

Every subgroup of G meets requirements (2) and (3). Application of the minimality of G shows that

(4) every proper subgroup of G is $\mathfrak{U}$-closed.

Assume next by way of contradiction that G is not simple. Then there exists a normal subgroup K of G with $1 < K < G$. It is a consequence of (4) that K is $\mathfrak{W}$-closed. We deduce from (2) and Lemma 4.2 that G is $\mathfrak{W}'$-homogeneous. If G/K were $\mathfrak{W}$-closed, then we could deduce from Lemma 4.5 that G is $\mathfrak{W}$-closed, contradicting (1^*). Hence G/K is not $\mathfrak{W}$-closed. It is a consequence of (2) and Lemma 4.1 that G/K is weakly $\mathfrak{W}$-closed. Because of the minimality of G we conclude now [by (3)] that G/K possesses an $\mathfrak{W}$-subgroup H/K which is not nilpotent. Since G/K is not $\mathfrak{W}$-closed, it is not an $\mathfrak{W}$-group. Hence H < G. It follows from (4) that H is $\mathfrak{W}$-closed and $H_{\mathfrak{W}}$ is, by (3), nilpotent. Since H/K is an $\mathfrak{W}$-group, $H = K H_{\mathfrak{W}}$ so that H/K is nilpotent as an epimorphic image of the nilpotent group $H_{\mathfrak{W}}$. Thus we have arrived at a contradiction proving that

(5) G is simple.

Assume by way of contradiction the existence of a pair of different maximal $\mathfrak{W}$-subgroups with intersection different from 1. Then there exists a pair of maximal $\mathfrak{W}$-subgroups $A \neq B$ of G whose intersection $D = A \cap B$ is maximal [and different from 1]. Then

$$1 < D < A < G \text{ and } 1 < D < B < G.$$

These $\mathfrak{W}$-subgroups A, B are nilpotent by (3). If T is the normalizer of D in G, then $T \neq G$, since G is simple and D consequently not a normal subgroup of G. Application of (4) shows that T is $\mathfrak{W}$-closed; and the $\mathfrak{W}$-subgroup $T_{\mathfrak{W}}$ is contained in a minimal $\mathfrak{W}$-subgroup R of G. Application of the normalizer property characteristic of nilpotent groups shows now that

$$D < T \cap A, \quad D < T \cap B .$$

Since A and B are $\mathfrak{W}$-groups, it follows that

$$D < T \cap A \leq T_{\mathfrak{W}} \cap A \leq R \cap A;$$

and we deduce R = A from the maximality of D. Likewise we see that R = B. Hence A = B, a contradiction proving that

(6) $A \cap B = 1$, if A and B are two different maximal π-subgroups of G.

(2), (5) and (6) show that condition (iii) of Theorem 4.6 is satisfied by G. Hence G is π-closed, contradicting (1^*); and this contradiction shows the validity of our result.

REMARK 4.9: For another characterization of π-closed groups with nilpotent π-component, see D.G.Higman, p.491, Theorem 4.3.

REMARK 4.10: There exist π'-homogeneous groups whose π-subgroups are nilpotent (for suitable π) but which are not π-closed. For instance, the alternating group of degree 5 is 5'-homogeneous, but not 5'-closed. Thus it is impossible to substitute π'-homogeneity for weak π-closure in Corollary 4.8.

LITERATURE

Reinhold Baer

[1] Classes of finite groups and their properties
Illinois Journal of Math.1(1957), 115-187

[2] Closure and dispersion of finite groups
Illinois Journal of Math.2 (1958), 619-640

[3] Kriterien fur die Abgeschlossenheit endlicher Gruppen
Math. Zeitschr.71 (1959), 325-334 [where further references may be found]

[4] Direkte Produkte vun Gruppen teilerfremder Ordnung

W.Feit

On a conjecture of Frobenius
Proc.Amer.Math.Soc.7(1956), 177-187

G.Frobenius

Über auflosbare Gruppen IV, V
Sitzungsberichte preuss.Akad.Wiss. 1216-1230 & 1324-1329 (1901)

D.G.Higman

Focal series in finite groups
Canadian Journal of Math.5 (1953), 477-497

H.Wielandt

Über die Existenz von Normalteilern in endlichen Gruppen
Math.Nachr.18 (1958), 274-280.

R.Baer

APPENDIX A: A THEOREM OF FROBENIUS AND A GENERALIZATION OF THE THEOREM OF IWASAWA-SCHMIDT

The basis of discussion in this section is the following criterion due to Frobenius.

THEOREM A.1: *The group* G *is* p'*-closed if, and only if,* G *is* p*-homogeneous.*

There exist at present several essentially different proofs of this theorem. They are all comparatively complicated. Consequently we restrict ourselves to giving references to the literature.

G.Frobenius: p.1324, I.

M.Hall: The theory of Groups, p.217, Theorem 14.4.7

R.Baer: [1], Theorem 5.1

For our generalization and application of this result we need the concept of a *Sylow tower group.* Suppose that the primes are ordered in some way; and denote by $\mathfrak{R}$ the set of primes ordered in this fashion.

The set γ of primes is termed a *segment of* $\mathfrak{R}$, if γ contains with any prime p all primes preceding p in the given ordering. Finally we say that the group G is $\mathfrak{R}$*-dispersed* [or an $\mathfrak{R}$-Sylow tower group or shorter an $\mathfrak{R}$-group], if G is γ-closed for every segment γ of $\mathfrak{R}$. Naturally we need consider the prime divisors of o(G) only. If we number them $p_1, \dots, p_n$ requiring that $i < j$ if, and only if, p_i precedes p_j in the ordering of $\mathfrak{R}$, then $\mathfrak{R}$-dispersion of G amounts to this:

The set G_i of all $[p_1, \dots, p_i]$-elements in G is a characteristic subgroup of G.

Then $G_o = 1$, G_{i+1}/G_i is a p_{i+1}-group [and the p_{i+1}-Sylow subgroup of G/G_i], $G_n = G$. In particular G is soluble. For a more detailed discussion see R.Baer [1,2].

THEOREM A.2: *Assume that $\mathfrak{R}$ is some ordering of the set of all primes; and that $\mathfrak{U}$ is a set of primes. Then* G *is $\mathfrak{U}$-closed and* $G/G_{\mathfrak{U}}$ *is $\mathfrak{R}$-dispersed if, and only if,* G *is $\mathfrak{U}'$-homogeneous and $\mathfrak{U}'$-subgroups of* G *are $\mathfrak{R}$-dispersed.*

PROOF: Assume first that G is $\mathfrak{U}$-closed and that $G/G_{\mathfrak{U}}$ is $\mathfrak{R}$-dispersed. Then G is $\mathfrak{U}'$-homogeneous by Lemma 4.2. If U is an $\mathfrak{U}'$-subgroup of G, then $U \cap G_{\mathfrak{U}} = 1$. Hence U is isomorphic to the subgroup $G_{\mathfrak{U}}U/G_{\mathfrak{U}}$ of the $\mathfrak{R}$-dispersed group $G/G_{\mathfrak{U}}$ and as such U itself is $\mathfrak{R}$-dispersed.

If our two conditions were not sufficient, then there would exist a group G of minimal order meeting the following requirements:

(1) G is $\mathfrak{U}'$-homogeneous.

(2) $\mathfrak{U}'$-subgroups of G are $\mathfrak{R}$-dispersed.

(3) G is not an $\mathfrak{U}$-closed group with $\mathfrak{R}$-dispersed $G/G_{\mathfrak{U}}$.

If G were $\mathfrak{U}$-closed, then $G_{\mathfrak{U}}$ would be a normal Hall subgroup of G. Application of Schur's Theorem [Remark 1.6] shows the existence of a complement S of $G_{\mathfrak{U}}$ in G. Then $S \simeq G/G_{\mathfrak{U}}$ implies that S is an $\mathfrak{U}'$-group; and this implies by (2) that the isomorphic groups S and $G/G_{\mathfrak{U}}$ are $\mathfrak{R}$-dispersed. This contradicts (3); and thus we have shown that

(3^*) G is not $\mathfrak{U}$-closed.

Every subgroup of G meets requirements (1) and (2). Application of the minimality of G shows that

(4) Every proper subgroup S of G is $\mathfrak{U}$-closed with $\mathfrak{R}$-dispersed $S/S_{\mathfrak{U}}$.

Assume now by way of contradiction that K is a proper normal subgroup of G. Then $1 < K < G$ and we deduce the $\mathfrak{U}$-closure of K from (4). If G/K were $\mathfrak{U}$-closed, then G itself would be $\mathfrak{U}$-closed, since G is [by (1)] $\mathfrak{U}'$-homogeneous [Lemma 4.5]. This contradicts

(3*). Hence G/K is not $\mathfrak{r}$-closed. Since $[G:K] < o(G)$, and since G/K is, by Lemma 4.4, $\mathfrak{r}'$-homogeneous, we deduce from the minimality of G the existence of an $\mathfrak{r}'$-subgroup W/K of G/K which is not $\mathfrak{R}$-dispersed. If W were different from G, then W would be, by (4), an $\mathfrak{r}$-closed group with $\mathfrak{R}$-dispersed $W/W_{\mathfrak{r}}$. Since W/K is an $\mathfrak{r}'$-group, $W_{\mathfrak{r}} \subseteq K$, and so W/K would be $\mathfrak{R}$-dispersed as an epimorphic image of the $\mathfrak{R}$-dispersed group $W/W_{\mathfrak{r}}$. This is impossible. Hence W = G and G/K = W/K is an $\mathfrak{r}'$-group and as such $\mathfrak{r}$-closed. Thus we have arrived at a contradiction, proving that

(5) G is simple.

Since G is not $\mathfrak{r}$-closed, G is neither an $\mathfrak{r}$-group nor an $\mathfrak{r}'$-group. Consequently there exist prime divisors of o(G) which belong to $\mathfrak{r}'$; and among these finitely many primes there exists one and only one prime p which is maximal in the ordering $\mathfrak{R}$. Every p-subgroup $U \neq 1$ of G is different from G, since G is not an $\mathfrak{r}'$-group and hence not a p-group. Since G is, by (5), simple, U is not a normal subgroup of G. The normalizer V of U in G is consequently a proper subgroup: $1 < U \subseteq V < G$. Application of (4) shows that V is an $\mathfrak{r}$-closed group with $\mathfrak{R}$-dispersed $V/V_{\mathfrak{r}}$. Since p is a divisor of o(V), we deduce from the choice of p that $V/V_{\mathfrak{r}}$ and hence V itself is p'-closed. But p'-closed groups are p-homogeneous [Lemma 4.2]. Hence $V = \mathfrak{N}U$ is p-homogeneous and this implies the p-homogeneity of G. Application of Theorem A.1 shows the p'-closure of G. Since G is neither a p-group nor a p'-group, this contradicts the simplicity of G; and this contradiction completes the proof.

COROLLARY A.3: *The group* G *is* $\mathfrak{r}$*-closed for* $\mathfrak{r}$ *a set of primes if, and only if,*

(a) G *is weakly* $\mathfrak{r}$*-closed and*

(b) *every composition factor of* G *which possesses non-nilpo-*

tent $\mathfrak{P}$-subgroups is free of non-nilpotent $\mathfrak{P}'$-subgroups.

PROOF: The necessity of these conditions is an immediate consequence of the fact that $\mathfrak{P}$-closed simple groups are either $\mathfrak{P}$-groups or else they are $\mathfrak{P}'$-groups.

Assume conversely the validity of (a) and (b). If F is a composition factor of G, then F is weakly $\mathfrak{P}$-closed [Lemma 4.1] and consequently $\mathfrak{P}'$-homogeneous [Lemma 4.2]. If every $\mathfrak{P}$-subgroup of F is nilpotent, then the $\mathfrak{P}$-closure of F is a consequence of Corollary 4.8; and if there exist non-nilpotent $\mathfrak{P}$-subgroups of F, then every $\mathfrak{P}'$-subgroup of F is nilpotent by (b); and we deduce the $\mathfrak{P}$-closure of F from Theorem A.2. Since G is $\mathfrak{P}'$-homogeneous by (a) and Lemma 4.2, the $\mathfrak{P}$-closure of G is a consequence of Lemma 4.5 [as may be verified by an obvious inductive argument].

THEOREM A.3 : *If $\mathfrak{R}$ is some ordering of the primes, if $\mathfrak{P}$ is a set of primes, and if every proper subgroup* S *of* G *is $\mathfrak{P}$-closed with $\mathfrak{R}$-dispersed* $S/S_{\mathfrak{P}}$, *then* G *is $\mathfrak{P}$-closed with $\mathfrak{R}$-dispersed* $G/G_{\mathfrak{P}}$ *or* G *is soluble.*

PROOF: Assume that G is not soluble. Every proper subgroup of G is $\mathfrak{P}$-closed and consequently $\mathfrak{P}'$-homogeneous [Lemma 4.2]. If G were not $\mathfrak{P}'$-homogeneous, then G would be, by Lemma 4.3, a soluble group. This we excluded; and thus we have shown that G is $\mathfrak{P}'$-homogeneous.

If G is not an $\mathfrak{P}'$-group, then every $\mathfrak{P}'$-subgroup of G is a proper subgroup of G. But proper $\mathfrak{P}'$-subgroup are, by hypothesis, $\mathfrak{R}$-dispersed. Application of Theorem A.2 shows that G is $\mathfrak{P}$-closed with $\mathfrak{R}$-dispersed $G/G_{\mathfrak{P}}$.

Assume next that G is an $\mathfrak{P}'$-group. Among the finitely many prime divisors of o(G) there is one and only one, p, which is maximal in the ordering $\mathfrak{R}$. Every proper subgroup of G is, by hypothesis,

$\mathfrak{R}$-dispersed and consequently p'-closed. But p'-closure implies p-homogeneity [Lemma 4.2]. Thus every proper subgroup of G is p-homogeneous. If G itself were not p-homogeneous, then Lemma 4.3 would again imply the solubility of G which we excluded. Hence G is p-homogeneous; and we deduce from Theorem A.1 the p'-closure of G. Thus there exists a normal p'-subgroup K of G with G/K a p-group. Since K ≠ G, K is, by hypothesis, $\mathfrak{R}$-dispersed. Hence K and G/K are soluble implying the excluded solubility of G. This completes the proof.

COROLLARY A.4: *If* $\mathfrak{R}$ *is some ordering of the primes, and if every proper subgroup of* G *is* $\mathfrak{R}$*-dispersed, then* G *is soluble.*

This is really a special case of Theorem A.3, if we let $\mathfrak{T}$ be the empty set and remember that $\mathfrak{R}$-dispersed groups are soluble, if $\mathfrak{R}$ contains every prime divisor of the order.

The results derived permit us to obtain quite a different generalization of the Theorem of Iwasawa & Schmidt, a generalization which is essentially due to Herstein. To enunciate it conveniently we term a group ***dedekindian*** if all its subgroups are normal subgroups. It is well known that a dedekindian group is either abelian or else it is the direct product of an abelian group of odd order, an elementary abelian 2-group and a quaternion group; see, for instance, Zassenhaus, p.123. Dedekindian groups are in particular nilpotent.

THEOREM A.5: ***A group is soluble if one of its maximal subgroups is dedekindian.***

PROOF: If this theorem were false, then there would exist a group G of minimal order with the following properties:

(1) G is not soluble.

(2) There exists a maximal subgroup A of G which is dedekin-

dian.

Assume by way of contradiction the existence of a normal subgroup K of G such that $1 < K \leq A$. Then K is soluble as a subgroup of the dedekindian group G. Furthermore A/K is a maximal subgroup of G/K and A/K is dedekindian. Because of $K \neq 1$ and the minimality of G we may conclude that G/K is soluble. But then G is soluble as an extension of the nilpotent group K by the soluble group G/K. This contradicts (1); and thus we have shown that

(3) 1 is the only normal subgroup of G which is part of A.

If L is a nilpotent subgroup of G, and if L is not part of A, then we conclude that $L \cap A < L$. Because of the nilpotency of L there exists an element t in L, though not in $L \cap A$, which normalizes $L \cap A$. Since A is dedekindian, it normalizes all its subgroups. Hence A and t are contained in the normalizer of $L \cap A$. Since A is maximal and t does not belong to A, we have $G = \{A,t\}$; and this proves that G is the normalizer of $L \cap A$. Consequently $L \cap A$ is a normal subgroup of G; and application of (3) shows that $L \cap A = 1$. Thus we have verified the following fact:

(4) If the nilpotent subgroup L of G is not part of A, then $A \cap L = 1$.

If A were normal, then we would conclude $A = 1$ from (3); and it would follow from tha maximality of A that G is a group without proper subgroups. Thus G would be cyclic [of order a prime] contradicting (1). This is impossible; and so A is not normal. Since A is part of its own normalizer, we deduce now from the maximality of A tha

(5) $A = \mathfrak{N}A$ is its own normalizer in G.

If the element x in G does not belong to A, then we conclude $A \neq A^x$ from (5). It follows that A^x is a nilpotent subgroup which is not part of A; and application of (4) shows that

(6) $A \cap A^x = 1$ for every x not in A.

Because of (6) we may apply a celebrated Theorem of Frobenius [whose use could be circumvented by a somewhat sophisticated application of Theorem A.1]. Consequently there exists a normal subgroup F of G such that

$G = AF$, $1 = A \cap F$ and $G/F \simeq A$;

and F is a normal Hall subgroup of G. Since G/F is a dedekindian group, application of Corollary 1.14 shows that any two complements of F in G are conjugate in G; and application of Lemma 1.10 shows that A, as a complement of F in G, normalizes a p-Sylow subgroup P of F for every prime divisor p of o(F). Since $P \neq 1$ and $P \cap A = 1$, we deduce $G = \{A, P\} = AP$ from the maximality of A. Hence G is an extension of the p-group P by the dedekindian group A; and as such G is soluble. This contradicts (1); and this contradiction proves our theorem.

REMARK A.6: Recently John Thompson has considerably improved this result by showing that a group is soluble if one of its maximal subgroups is nilpotent of odd order. The rather intricate proof involves a powerful generalization of Theorem A.1.

LITERATURE

Reinhold Baer

[1] Closure and dispersion of finite groups
Illinois Journal of Mathematics 2 (1958), 619-640

[2] Sylowturmgruppen
Math.Zeitschr. 69 (1958), 239-246

G.Frobenius

Uber auflösbare Gruppen V
Sitz.-Ber.preus.Akad.Wiss.(1901), 1324-1329

R.Baer

M.Hall

The Theory of groups

H.Zassenhaus

Gruppentheorie

R.Baer

APPENDIX B: THE THEOREM OF FROBENIUS-WIELANDT AND ITS APPLICATION TO THE CLOSURE PROBLEM.

In Appendix A we had occasion to make use of the celebrated Theorem of Frobenius. This has recently been generalized by Wielandt as follows:

THEOREM B.1: *If* S *is a subgroup of* G, *if* K *is a normal subgroup of* S, *and if* $S \cap S^x \leq K$ *for every element* x *in* G, *though not in* S, *then there exists a normal subgroup* L *of* G *satisfying* $G = LS$ *and* $K = L \cap S$.

For the proof which leans heavily on the theory of characters and which consequently does not fit into the general framework of the present account cp. Wielandt, p.276, Satz 1. We shall use this theorem for the proof of the following result.

THEOREM B2: *The group* G *is* π*-closed for* π *a set of primes if, and only if,* G *is* π'*-homogenous and every composition factor* F *of* G *has following property:*

(*) *there exists a maximal* π'*-subgroup* S *of* F *such that* $S \cap S^x = 1$ *whenever the element* x *in* F *is not in* $\mathfrak{N}S$.

PROOF: The necessity of our conditions is fairly obvious. Assume conversely by way of contradiction that G meets our requirements without being π-closed. Since G is π'-homogeneous, we deduce from Theorem 4.6 the existence of a composition factor F of G which is neither an π-group nor an π'-group.

F is simple as a composition factor. Since factors of π'-homogeneous groups are themselves π'-homogeneous [Lemma 4.4], F is π'-homogeneous.

Application of (*) shows the existence of a maximal π'-subgroup S of G such that $S \cap S^x = 1$ for every element x in F which does not belong to $T = \mathfrak{N}S$. Since F is neither an π-group nor an

π'-group, we have $1 < S < F$; and since F is simple, S is not a normal subgroup of F so that $1 < S \leq \mathfrak{N}S = T < F$.

S is a normal subgroup of T. If St is an π'-element in T/S, then $\{S,t\}/_S$ is an π'-group, as in S. It follows that $\{S,t\}$ is an π'-group. But S is a maximal π'-subgroup of F so that $S = \{S,t\}$ and $St = 1$. Hence T/S is free of π'-elements not 1, so that T/S is an π-group. In particular S is a normal Hall-subgroup of T. We apply Schur's Theorem [Remark 1.6] to show the existence of a complement R of S in T.

Next we note that F is π'-homogeneous. Since S is an π'-group NS/CS is an π'-group. Since the complement R of S in T is isomorphic to the π-group T/S, it follows that $R \leq \mathfrak{C}S$. Thus we have shown that $T = S \otimes R$ is the direct product of the π-group R and the π'-group S. Hence S and R are characteristic subgroups of T; and $R = T_\pi$, $S = T_{\pi'}$.

Suppose now that x is an element in F, but not in T. Then $S \neq S^x$; and this implies $S \cap S^x = 1$. Consider now an element d in the intersection $T \cap T^x$. Then there exists an π-element r and an π'-element d' in $\{d\}$ such that $d = rd'$. Clearly d' belongs to $T \cap T^x$. Since $S = T_{\pi'}$, the element d' belongs to S; and it belongs likewise to $[T_{\pi'}]^x = S^x$. But $S \cap S^x = 1$, so that $d' = 1$ and $d = r$ is an π-element which belongs to $T_\pi = R$. Thus we have shown that $T \cap T^x \leq R$ for every x not in T.

Now we may apply the Theorem B.1 of Frobenius-Wielandt. Consequently there exists a normal subgroup K of F such that $F = KT$ and $R = K \cap T$. It follows that $1 < K < F$, since $1 < S \leq T < F$ and hence $R < T$. This contradicts the simplicity of F; and this contradiction completes the proof.

THEOREM B3: *The group* G *is* π*-closed for* π *a set of primes if, and* *only if,* G *is* $\mathfrak{V}'$*-homogeneous and every simple factor* F *of* G *has the following property* :

(*) *intersections of different maximal* $\mathfrak{V}'$*-subgroups of* F *are* 1 *or else the number of* $\mathfrak{V}$*-elements in* F *is* $o(F)_{\mathfrak{V}}$ *and intersections of different maximal* $\mathfrak{V}$*-subgroups of* F *are* 1.

PROOF: The necessity of our conditions is fairly obvious. We assume inversely that G meets our requirements. Then we are going to prove that every simple factor of G is either an $\mathfrak{V}$-group or an $\mathfrak{V}'$-group. Once we have shown this, the $\mathfrak{V}$-closure of G is an immediate consequence of Theorem 4.6.

If there existed simple factors of G which are neither $\mathfrak{V}$-groups nor $\mathfrak{V}'$-groups, then there would exist a simple factor F of G of minimal order with the property:

(1) F is neither an $\mathfrak{V}$-group nor an $\mathfrak{V}'$-group.

Consider now a proper subgroup S of F. Then every simple factor of S has order smaller than o(F). Since factors of S are factors of G, it follows from the minimality of F, that every simple factor of S is either an $\mathfrak{V}$-group or an $\mathfrak{V}'$-group. Since $\mathfrak{V}'$-homogeneity is inherited by factors [Lemma 4.4] and since G, by hypothesis, is $\mathfrak{V}'$-homogeneous, the factor S of G is $\mathfrak{V}'$-homogeneous. Application of Theorem 4.6 shows the $\mathfrak{V}$-closure of S. Thus we have shown:

(2) Every proper subgroup of F is $\mathfrak{V}$-closed. We distinguish two cases:

CASE 1: Different maximal $\mathfrak{V}'$-subgroups of F have intersection 1.

We noted before that the factor F of G is $\mathfrak{V}'$-homogeneous. If S is a simple quotient group of a proper subgroup of F, than we deduce from (2) that different maximal $\mathfrak{V}'$-subgroups of S have intersection 1. Thus every simple factor of the simple group F has the property that intersections of different maximal $\mathfrak{r}'$-subgroups are 1. Application of Theorem B 2 shows the $\mathfrak{r}$-closure of the simple group F; and this contradicts (1).

CASE 2: There exist different maximal $\mathfrak{r}'$-subgroups of F whose intersection is not 1.

We apply condition (*) on F. It follows that

(a) the number of $\mathfrak{r}$-elements in F is $o(F)_{\mathfrak{r}}$.

(b). different maximal $\mathfrak{r}$-subgroups of F have intersection 1.

If S is a proper subgroup of F, than we deduce from (2) that S is $\mathfrak{r}$-closed and that therefore the number of $\mathfrak{r}$-elements in S is $o(S)_{\mathfrak{r}}$. Combination with (a) shows that

(c) F is weakly $\mathfrak{r}$-closed.

If T is a simple factor of a proper subgroup of F, than T is $\mathfrak{r}$-closed by (2) so that different maximal $\mathfrak{r}$-subgroups of T have intersection 1. Since F is simple, combination with (b) shows that

(d) different maximal $\mathfrak{r}$-subgroups of simple factors of F have intersection 1.

Thus condition (iii) of Theorem 4.6 is satisfied by F.Hence F is $\mathfrak{r}$-closed; and this contradicts (1) because of the simplity of F.

Our assumption that there exist simple factors of G which are neither $\mathfrak{r}$-groups nor $\mathfrak{r}'$-groups has led us to a contradiction, proving our theorem.

REMARK B4: By similar arguments one may show that the group G is $\mathfrak{r}$-closed if, and only if, G is $\mathfrak{r}'$-homogeneous and every simple factor F of G has the following property:

(**) either there exists an ordering $\mathfrak{R}$ of the primes such that every $\mathfrak{r}'$-subgroup of F is $\mathfrak{R}$-dispersed or else the number of $\mathfrak{r}$-elements in F is $o(F)_{\mathfrak{r}}$ and $\mathfrak{r}$-subgroups of F are nilpotent.

R.Baer

LITERATURE

W.Feit

On a conjecture of Frobenius
Proc.Amer.Math.Soc. 7 (1956), 177-187

H.Wielandt

Über die Existenz von Normalteilern in endlichen Gruppen
Math.Nachrichten 18 (1958), 274-280

5. THE PROBLEM OF MASCHKE

Suppose that θ is a group of automorphisms of the group G and that K is a θ-admissible normal subgroup of G. We intend to find criteria for the existence of θ-admissible complements of K in G. Why we term this the Problem of Maschke will be clear from one of the criteria we are going to obtain below.

LEMMA 5.1: *If θ is a p-group of automorphisms of the group G, if K is a θ-admissible normal subgroup of G, and if the number of complements of K in G is prime to p, then there exists a θ-admissible complement of K in G.*

PROOF: Since $o(\theta)$ is divisible by p, there exist complements of K in G. If A is a complement of K in G, then A is transformed by automorphisms in θ into complements of K in G, since K is θ-admissible. Denote by $\theta(A)$ the totality of automorphisms in θ which transform A into itself. Then $\theta(A)$ is a subgroup of θ and the index $[\theta : \theta(A)]$ is the number $j(\mathfrak{A})$ of complements in the class $\mathfrak{A} = A^{\theta}$. The total number t of complements of K in G is therefore

$$t = \sum_{\mathfrak{A}} j(\mathfrak{A})$$

where $\mathfrak{A}$ ranges over all the classes of θ-equivalent complements of K in G. Since every $j(\mathfrak{A})$ has been shown to be an index of a subgroup of θ, and since θ is a p-group, every $j(\mathfrak{A})$ is a power of p. Denote by k the number of θ-admissible complements of K in G. Then k is the number of classes $\mathfrak{A}$ with $j(\mathfrak{A}) = 1$. All the other classes $\mathfrak{A}$ satisfy $j(\mathfrak{A}) \equiv 0 \bmod p$, since for these classes $\mathfrak{A}$ the number $j(\mathfrak{A})$ is a power of p, not 1. Hence

(5.1) $\quad t \equiv k \bmod p.$

Since $(t,p) = 1$, this implies $k \neq 0$, as we wanted to show.

REMARK 5.2: It is fairly clear from the proof that we discussed only the group of permutations induced by θ in the set of complements of K in G.

REMARK 5.3: If o(K) is prime to p, and if any two complements of K in G are conjugate in G, then the number of complements is a divisor of o(K) and hence prime to p.

THEOREM 5.4: *If θ is a group of automorphisms and* K *a θ-admissible normal subgroup of* G, *if* $o(\theta)$ *is prime to* o(K), *and if simple non-soluble factors of* K *do not possess groups of outer automorphisms that are simple non-soluble factors of θ, then the existence of θ-admissible complements of* K *in* G *is a consequence of either of the following two conditions:*

(a) o(K) *and* [G:K] *are relatively prime;*

(b) G *splits over* K *and any two complements of* K *in* G *are conjugate in* G.

PROOF: The holomorph of K in G contains G as normal subgroup and θ as a subgroup. In the holomorph of G we may form therefore the product $H = G\theta$. Then G is a normal subgroup of H and θ is a complement of G in H. Since K is a θ-admissible normal subgroup of G, it is likewise a normal subgroup of H. We are going to show first that

(c) H *splits over* K.

If firstly (a) is satisfied by K and G, then K is a normal Hall-subgroup of H; and (c) is a consequence of Schur's Theorem (Remark 1.6). Assume next the validity of (b). Then there exists a complement S of K in G. If h is an element in H, then S^h is a complement of $K^h = K$ in $G^h = G$. Application of (b) shows that S and S^h are conjugate in G. Consequently there exist elements s in S and k in K (since G = KS) such that $S^k = S^{sk} = S^h$. Hence $S = S^{hk^{-1}}$ prooving that hk^{-1} belongs to the normalizer $T = \mathfrak{N}S$ of S in H.

It follows that h belongs to TK. Hence $H = KT$. Consider next T/S. It contains the normal subgroup $S(T\cap K)/S \simeq (T\cap K)/(S\cap K)$ whose order is a divisor of o(K). Its quotient group is isomorphic to θ , as may be derived from Dedekind's modular law as follows :

$$[T/S]/[S(T\cap K)/S] \simeq T/S(K\cap T) = T/(T\cap SK) = T/(T\cap G) \simeq$$

$$\simeq GT/G = H/G \simeq \theta .$$

Thus we see that $S(T\cap K)/S$ is a normal Hall-subgroup of T/S. By Schur's Theorem (Remark 1.6) there exists a complement. Consequently there exists a subgroup R between S and T such that

$$T = (T\cap K)SR = (T\cap K)R = T\cap KR ,$$

$$S = (T\cap K)S\cap R = T\cap KS\cap R = KS\cap R = G\cap R$$

It follows that

$$H = KT = K(T\cap K)SR = KR$$

$$K\cap R = K\cap G\cap R = K\cap S = 1.$$

since S is a complement of K in G. Thus R is a complement of K in H; and we have verified (c) in either case.

From now on we shall use (c) instead of (a) and (b). We consider a complement R of K in H. Let $V = K\theta$. Clearly θ is a complement of K in V ; and we have

$$K(V\cap R) = V\cap KR = V\cap H = V$$

$$K\cap V\cap R = 1$$

so that $V\cap R$ is another complement of K in V. Since $V/K \simeq \theta$, it follows from our hypothesis that K is a normal Hall-subgroup of V meeting all the requirements of Theorem 1.15** (or Remark 1.17). Consequently any two complements of K in V are conjugate in V. This implies (as before) the existence of an element a in K such that $(R \cap V)^a = \theta$. It follows that R^a is a complement of K in H which contains θ. The normal subgroup $G \cap R^a$ of R^a is then seen to be a complement of K in G which is naturally θ admissible. This completes the proof.

THEOREM 5.5: *If* θ *is a group of automorphisms and* K *is an abelian* θ*-admissible normal subgroup of* G, *if* G *splits over* K *and* $(o(K), o(\theta)) = 1$, *the there exists a* θ*-admissible complement of* K *in* G.

REMARK: We shall show in §6 that this analogue of the Theorem of Maschke may be considered as a special case of a Theorem of Gaschütz.

PROOF: Every coset of G/K induces in the abelian group K a well determined automorphism. Mapping every element in G/K upon the automorphism of K which it induces in K is consequently a homomorphism σ of G/K into the group of automorphism of K. Thus $\gamma = (K, G/K, \sigma)$ is a representation.

If f and g are crossed homomorphism of γ, then the commutativity of K implies that fg^{-1} is likewise a crossed homomorphism of γ. The totality A of crossed homomorphisms of γ is consequently an abelian group. Since $A^{o(K)} = 1$, we deduce $(o(A), o(\theta)) = 1$ from $(o(K), o(\theta)) = 1$.

If ν is an automorphism in θ, then $K^\nu = K$. Consequently ν induces automorphisms in K and in G/K which we denote by ν too. If X = Kx is an element in G/K and k belongs to K, then

$$k^{\nu X^\nu} = x^{-\nu} k^\nu x^\nu = (x^{-1} k x)^\nu = k^{X\nu}$$

so that

$$\nu(X^{\nu})^{\sigma} = X^{\sigma}\nu$$

or

$$X^{\nu\sigma} = \nu^{-1} X^{\sigma} \nu = X^{\sigma\nu} \quad \text{for } X \text{ in } G/K \text{ and } \nu \text{ in } \theta.$$

If ν is an automorphism in θ and f an element in A, then we define a K-valued function f^{ν} over G/K by the rule :

$$f^{\nu}(X) = [f(X^{\nu-1})]^{\nu} \qquad \text{for every X in G/K.}$$

Then

$$f^{\nu}(XY) = [f(X^{\nu-1} Y^{\nu-1})]^{\nu} =$$

$$= [f(X^{\nu-1})^{Y^{\nu-1}} f(Y^{\nu-1})]^{\nu} =$$

$$= [f(X^{\nu-1})]^{\nu Y} [f(Y^{\nu-1})]^{\nu} =$$

$$= f^{\nu}(X)^{Y} f^{\nu}(Y)$$

for X, Y in G/K, since

$$Y^{\nu^{-1}\sigma} = \nu^{-1} Y^{\sigma} \nu .$$

Hence f^{ν} belongs likewise to A ; and so the mapping $f \to f^{\nu}$ is an endomorphism ν^{ρ} of A.

If α, β belong to θ, then

$$f^{\alpha\beta}(X) = [f(X^{\beta^{-1}\alpha^{-1}})]^{\alpha\beta} =$$

$$= [f^{\alpha}(X^{\beta^{-1}})]^{\beta} = (f^{\alpha})^{\beta}(X)$$

for every X in G/K. The mapping $\nu \to \nu^{\rho}$ is consequently a homomorphism of θ onto a multiplicatively closed set of endomorphisms of A. We conclude that θ^{ρ} is a group of automorphisms of A. Hence $\mathfrak{a} = (A, \theta, \rho)$ is a Hall representation. Because of the commutativity of A we may apply Theorem 3.2. Consequently the principal genus theorem is satisfied by the representation $\mathfrak{A}$ - a direct verification of this result is almost simpler than application of Theorem 3.2.

By hypothesis G splits over K. Select some complement C of K in G. If ν is an automorphism in θ, then $K = K^{\nu}$ and consequently C^{ν} is likewise a complement of K in G. Thus for every coset X of G modulo K the intersections $X \cap C$ and $X \cap C^{\nu}$ are uniquely determined elements in G. Let

$$f(\nu, X) = (X \cap C^{\nu})^{-1} (X \cap C)$$

for every ν in θ and every X in G/K. Then $f(\nu, X)$ is for every ν in θ, X in G/K a well determined element in K. Since C and C^{ν} are complements of K in G, we find that

$$\begin{aligned} f(\nu, XY) &= (XY \cap C^{\nu})^{-1} (XY \cap C) = \\ &= (Y \cap C^{\nu})^{-1}(X \cap C^{\nu})^{-1}(X \cap C)(Y \cap C) = \\ &= f(\nu, X)^{Y} f(\nu, Y) \end{aligned}$$

for X, Y in G/K. Hence $f(\nu, X)$ is for every fixed ν a crossed character of the representation $\mathfrak{A}$.

If α, β are in θ and X belongs to G/K, then

$$\begin{aligned} f(\alpha\beta, X) &= (X \cap C^{\alpha\beta})^{-1}(X \cap C) = \\ &= [(X^{\beta^{-1}} \cap C^{\alpha})]^{-\beta}(X \cap C) = \\ &= [(X^{\beta^{-1}} \cap C^{\alpha})^{-1}(X^{\beta^{-1}} \cap C)]^{\beta}(X^{\beta^{-1}} \cap C)^{-\beta}(X \cap C) = \\ &= f(\alpha, X^{\beta^{-1}})^{\beta} f(\beta, X) = f^{\beta}(\alpha, X) f(\beta, X) \end{aligned}$$

so that f is crossed homomorphism of the representation $\mathfrak{A}$. But the principal genus theorem is satisfied by $\mathfrak{A}$. Consequently there exists an element a in A such that

$$f(\nu,X) = a^{\nu}(X)a^{-1}(X) \quad \text{for every } \nu \text{ in } \theta \text{ and every } X \text{ in } G/K.$$

Let

$$b(X) = (X \cap C)a(X) \quad \text{for every } X \text{ in } G/K .$$

Then b(X) is an element in G; and we have

$$X = K\, b(X) \qquad \text{for every } X \text{ in } G/K.$$

Furthermore

$$b(XY) = (XY \cap C)\ a(XY) =$$

$$= (X \cap C)(Y \cap C)\ a(X)^{Y}\ a(Y) =$$

$$= (X \cap C)\ a(X)\ (Y \cap C)\ a(Y) = b(X)b(Y)$$

for X, Y in G/K, since C is a complement of K in G and a is a crossed homomorphism of the representation $\mathfrak{A}$. It follows that the set b(G/K) = B is a subgroup of G and even a complement of K in G.

If X belongs to G/K and ν to θ, then we have

$$b(X)^{\nu} = (X \cap C)^{\nu}\ a(X)^{\nu} = (X^{\nu} \cap C^{\nu})\ a^{\nu}(X^{\nu}) =$$

$$= (X^{\nu} \cap C^{\nu})\ f(\nu, X^{\nu})\ a(X^{\nu}) =$$

$$= (X^{\nu} \cap C^{\nu})\ (X^{\nu} \cap C^{\nu})^{-1}\ (X^{\nu} \cap C)\ a(X^{\nu}) = b(X^{\nu}).$$

and this implies

$$B^{\nu} = b(G/K)^{\nu} = b[(G/K)^{\nu}] = b(G/K) = B$$

so that B is the desired θ-admissible complement of K in G.

REMARK 5.6: Without the use of concepts like "representation", "crossed homomorphism" and "principal genus theorem" the proof might actually have gained in simplicity. But the above presentation of the proof has the advantage of showing exactly the place into which the theorem fits.

EXAMPLE 5.7: We are going to construct a fairly large class of examples which may be used on various occasions. The first purpose of this construction is to show the impossibility of omitting in Theorem 5.5 the requirement that K be abelian. Actually we shall see that the theorem fails to be true if we require only nilpotency of K.

Assume that θ is a group [of operators] and that K and V are θ-groups satisfying $(o(K), o(\theta)) = 1$. Assume furthermore that A is a θ-subgroup of $K' \cap \mathfrak{Z}K$ and that B is a θ-subgroup of $\mathfrak{Z}V$. Assume finally that σ is a θ-isomorphism of B upon A with the following properties:

(a) No θ-homomorphism of V into K coincides with σ on B.

(b) There exists a homomorphism of V into K which coincides with σ on B.

That such a configuration θ, K, V, σ actually does exist, we shall show below.

Denote by H the direct product of the θ-groups K and V; and let L be the set of elements $b^{\sigma}b$ with b in B. It is clear that L is a subgroup of $\mathfrak{Z}H$; and L is a θ-subgroup, since σ is a θ-isomorphism of the θ-subgroup B upon the θ-subgroup A.

Next we form the θ-group $W = H/L$. Since $K \cap L = 1 = L \cap V$, we may identify the isomorphic groups K and LK/L, V and LV/L. Then σ maps every element in B upon its inverse [in W]. After this identification has been effected, W is the product of its normal θ-subgroups K and V. Their intersection is

$$J = K \cap V = LA/L = LB/L ,$$

since $k \equiv v \bmod L$ for k in K and v in V if, and only if, kv^{-1} belongs to L which is equivalent to requiring that v belongs to B and $k^{-1} = v^{\sigma}$ is in A. It follows that

$$J \leq \mathfrak{Z}W \cap K' ,$$

since $A \leq \mathfrak{Z}K \cap K'$ and $B \subseteq \mathfrak{Z}V$. Finally we note that $K \leq LV$ and $V \leq LK$, since H is the direct product of K and V.

By (b) there exists a homomorphism ϕ of V into K which coincides on B with σ [It is a consequence of (a) that ϕ is not a θ-homomorphism]. Since elements in V commute with elements in K, every element in V commutes with every element in $V^{\phi} \leq K$. Mapping v in V upon $v^{1+\phi}$ is consequently a homomorphism of V onto a subgroup C. It is clear that B is part of the kernel of this homomorphism. On the other hand elements in the kernel of this homomorphism belong to $K \cap V = B$; and thus we see that $J = B$ is exactly this kernel. It follows in particular that

$$C \simeq V/B = V/(V \cap K) \simeq KV/K = W/K.$$

If the element c in C belongs to K, then there exists an element v in V such that $c = v^{1+\phi}$. Since c and v^{ϕ} belong to K, the element v belongs to $V \cap K = B$; and this implies $c = 1$ so that $C \cap K = 1$. We conclude from $C \simeq W/K$ and $C \cap K = 1$ that C is a complement of K in W.

Assume next the existence of a θ-admissible complement D of K in W. If x is an element in V, then $D \cap Kx = x^{*}$ is a uniquely determined element in D. Mapping x onto Kx is an epimorphism of V onto W/K; and mapping Kx upon $D \cap Kx = x^{*}$ is an isomorphism of W/K upon the complement D of K in W. Mapping x onto x^{*} is consequently an epimorphism of V upon D. The kernel of this homomorphism is exactly $V \cap K = B$. Furthermore

$$x \equiv x^* \bmod K \qquad \text{for every } x \text{ in } V.$$

Since elements in K commute with elements in V, every x in V commutes with $x^\alpha = x^* x^{-1}$ in K. Since mapping x onto x^* is a homomorphism, it follows therefore that α is a homomorphism of V into K. If x belongs to B, then $x^* = 1$ and $x^\alpha = x^{-1}$ so that α coincides with σ on B.

Since D is a θ-subgroup of W, mapping x in V onto $x^* = D \cap Kx$ is a θ-epimorphism of V onto D. Hence α too is θ-homomorphism of V into K. But as a consequence of condition (a) there do not exist θ-homomorphisms of V into K which coincide with σ on B; and thus there do not exist any θ-admissible complements of K in W.

We are going to show next that it is possible to construct a configuration θ, K, V, σ meeting all our requirements. We shall do it in such a way that K and V are p-groups [for a preassigned prime p] whereas θ is cyclic of order a prime, not p.

CASE 1: p = 2.

Let K be the group of quaternions, V cyclic of order 4 and θ a cyclic group of order 3 operating trivially on V and effecting a non-trivial group of automorphisms on K. Denote by $A = \mathfrak{z}K = K'$ the uniquely determined subgroup of order 2 of the quaternion group K and let $B = V^2$ be the uniquely determined subgroup of order 2 of V. Then there exists one and only one isomorphism σ of B onto A. Clearly A and B are θ-subgroups and σ is a θ-isomorphism.

There exist many isomorphisms of the cyclic group V of order 4 into the quaternion group K; and of necessity they all induce σ in B. But none of them is θ-admissible, since K does not contain any θ-admissible subgroups except 1, A and K. Thus conditions (a) and (b) are satisfied.

CASE 2: p is odd.

Denote by K the group, generated by elements k',k",a, subject to the relations:

$$k'^p = k''^p = a^p = 1 ,$$

$$k'^{-1} k''^{-1} k'k'' = a, \quad k'a = ak', \quad k''a = ak'';$$

and denote by V the group generated by elements v',v",b, subject to the relations:

$$v'^p = v''^p = b^p = 1 ,$$

$$v'^{-1} v''^{-1} v'v'' = b, \quad v'b = bv', \quad v''b = bv''.$$

The group K possesses one and only one minimal normal subgroup namely $A = \{a\} = \mathfrak{z}K = K'$; and the group B possesses one and only one minimal normal subgroup, namely $B = \{b\} = \mathfrak{z}V = V'$.

If q is a prime divisor of p - 1, then there exists an integer e of multiplicative order q such that 1 < e < p. Denote by θ the cyclic group of order q which operates trivially on V whereas a generator of θ effects in K the automorphism mapping k' upon k'^e and k''^e upon k". Then a is left invariant by all the elements in θ.

Finally denote by σ the isomorphism of B upon A which maps b onto a. Naturally σ is a θ-isomorphism, since θ operates trivially on A and B.

Mapping v' upon a' and v" upon a" we obtain an isomorphism of V upon K which induces σ in B. Thus (b) is satisfied. - If finally the homomorphism η of V into K induces σ in B, then η is an isomorphism of V onto K, since B is the one and only one minimal normal subgroup of V and σ in an isomorphism of B. Every element in V is a fixed element of θ; but the subgroup of the θ-invariant elements in K is just A. Hence η maps θ-invariant elements upon elements that are not fixed elements of θ, showing that η is not a θ-homomorphism. Thus (a) is satisfied too.

THEOREM 5.8: *If θ is a group of automorphisms and* D *is a θ-admissible direct factor of* G, *if* $(o(\theta), o(\mathfrak{z}D)) = 1$, *then there exists a θ-admissible direct complement of* D *in* G.

A direct complement is at the same time a complement and a direct factor.

This theorem is a clear analogue of the classical Theorem of Maschke, since subspaces of vector spaces are always direct summands.

PROOF: Since D is a θ-admissible direct factor of G, its centralizer $H = \mathfrak{L}D$ is a θ-admissible normal subgroup of G. The intersection $K = \mathfrak{L}D \cap D = \mathfrak{z}D$ is likewise a θ-admissible normal subgroup of H. If E is a direct complement of D in G, then E is part of $\mathfrak{L}D$; and we deduce from $E \subseteq \mathfrak{L}D \subseteq D \otimes E$ and Dedekind's Law that $H = \mathfrak{z}D \otimes E$. Since $o(\theta)$ is prime to $o(\mathfrak{z}D)$, the order of the group of automorphisms, induced by θ in H, is likewise prime to $o(\mathfrak{z}D)$. Thus we may apply Theorem 5.5. Consequently there exists a θ-admissible complement C of $\mathfrak{z}D$ in $H = \mathfrak{L}D$. Since C is part of $\mathfrak{L}D$, its elements commute with those of D. Furthermore

$$D \cap C = D \cap \mathfrak{L}D \cap C = \mathfrak{z}D \cap C = 1$$

and

$$DC = D.\mathfrak{z}D.C = D.\mathfrak{L}D = G,$$

since $E \subseteq \mathfrak{L}D$ and $G = D \otimes E$. Thus C is the desired θ-admissible direct complement of D in G.

THEOREM 5.9: *Suppose that* J *and* K *are normal subgroups of* G, *that*

$J < K$, *that* $(o(J),[G:K]) = 1$, *that* K *splits over* J *and that any two complements of* J *in* K *are conjugate in* K. *Then*

(a) G *splits over* J *and the splitting of* G/J *over* K/J *implies the splitting of* G *over* K.

If futhermore simple non-soluble factors of J *do not possess groups of outer automorphisms that are simple non-soluble factors of* G/K, *then*

(b) *any two complements of* J *in* G *are conjugate in* G *and every complement of* K *in* G [*if any*] *normalizes a complement of* J *in* K [*is part of a complement of* J *in* G].

PROOF: By hypothesis, there exists a complement L of J in K. If g is any element in G, then L^g is a complement of $J^g = J$ in $K^g =$ By hypothesis, any two complements of J in K are conjugate in K. Consequently there exists an element k in K such that $L^k = L^g$. It follows that gk^{-1} belongs to $\mathfrak{N}L$ and that therefore g belongs to $(\mathfrak{N}L)k \subseteq \mathfrak{N}L.K$. Hence

$$G = \mathfrak{N}L.K \quad .$$

Next we note that $\mathfrak{N}L$ possesses two normal subgroups, namely L ar $\mathfrak{N}L \cap J$. Clearly

$$L \cap [\mathfrak{N}L \cap J] = 1 \ .$$

Consider the group $H = \mathfrak{N}L/L$ and its normal subgroup $R = L.[\mathfrak{N}L \cap J]/L$. We note that

$$R \simeq [\mathfrak{N}L \cap J]/[L \cap J] = \mathfrak{N}L \cap J$$

and that

$$H/R \simeq \mathfrak{N}L/L[\mathfrak{N}L \cap J] = \mathfrak{N}L/[\mathfrak{N}L \cap LJ] =$$

$$= \mathfrak{N}L/[\mathfrak{N}L \cap K] \simeq K.\mathfrak{N}L/K = G/K \ ,$$

since $L \subseteq \mathfrak{N}L$ and $JL = K$ as L is a complement of J in K. It follows that o(R) is a divisor of o(J) and that $[H:R] = [G:K]$.

By hypothesis, $(o(J), [G:K]) = 1$. Consequently $(o(R), [H:R]) = 1$. Thus R is a normal Hall subgroup of H. Application of Schur's Theorem [Remark 1.6] shows the existence of complement of R in H. Consequently there exists a subgroup S such that

$$\mathfrak{N}L = L[\mathfrak{N}L \cap J]S, \quad L = L[\mathfrak{N}L \cap J] \cap S.$$

In particular we have

$$L \subseteq S \subseteq \mathfrak{N}L .$$

Hence

$$\mathfrak{N}L = [\mathfrak{N}L \cap J]S , \quad L = \mathfrak{N}L \cap K \cap S = K \cap S .$$

Consequently

$$G = \mathfrak{N}L.K = \mathfrak{N}L.J.L = [\mathfrak{N}L \cap J]SJ = JS$$

$$1 = J \cap L = J \cap K \cap S = J \cap S$$

so that S is a desired complement of J in G.

Since the complement S of J in G is isomorphic to G/J, the splitting of G/J over K/J implies the splitting of S over $K \cap S$. If C is a complement of $K \cap S$ in S, then

$$KC = K(K \cap S)C = KS = G$$

$$K \cap C = (K \cap S) \cap C = 1$$

so that C is a complement of K in G. This completes the proof of (a).

Assume in addition that simple non-soluble factors of J do not possess groups of outer automorphisms that are simple non-soluble factors of G/K. Consider complements S and T of J in G. Then $S \cap K$ and $T \cap K$ are complements of J in K. By hypothesis, complements of J in K are conjugate in K. Consequently there exists an element k in K such that

$$L = S \cap K = (T \cap K)^k = T^k \cap K.$$

Clearly L is a normal subgroup of $W = \{S, T^k\}$. Let $W/L = W^*$ and $L(W \cap J)/L = V^*$. Then V^* is a normal subgroup of W^*; and we have

$$V^* \simeq (W \cap J)/(W \cap J \cap L) = (W \cap J)/(L \cap J),$$

$$W^*/V^* \simeq W/L(W \cap J) = W/(W \cap JL) = W/(W \cap K)$$

$$\simeq KW/K ,$$

since $L = S \cap K$ is a complement of J in K. Thus V^* is a factor of J and W^*/V^* is a factor of G/K. Consequently V^* is a normal Hall subgroup of W^* and simple non-soluble factors of V^* do not possess groups of outer autormorphisms that are simple non-soluble factors of W^*/V^*. It is a consequence of Theorem 1.15** [or Remark 1.17] that any two complements of V^* in W^* are conjugate in W^*.

Since S and T^k are complements of J in G, since $W = \{S, T^k\}$ and since $L \subseteq S \cap T^k$, we have by Dedekind's Law

$$(W \cap J)S = W \cap JS = W = (W \cap J)T^k$$

$$L(W \cap J) \cap S = L(W \cap J \cap S) = L = L(W \cap J) \cap T^k$$

Thus S/L and T^k/L are complements of V^* in W^*. Consequently there exists an element w in W such that $T^{kw} = S$ (noting $L^w = L$). Hence any two complements of J in G are conjugate in G.

Consider finally a complement Q of K in G. Then we deduce $(JQ \cap S)J = JQ$ from Dedekind's Law; and we see that Q and $JQ \cap S$ are complements of J in JQ. Since

$$G/K \simeq Q \simeq JQ/J ,$$

we find that J is a normal Hall subgroup of JQ and that simple non-soluble factors of J do not possess groups of outer automorphisms that are simple non-soluble factors of JQ/J. It is a consequence of Theorem 1.15** [or Remark 1.17] that any two complements of J in JQ are conjugate in JQ. Consequently there exists an element j in J such that $(JQ \cap S)^j = Q$. It follows in particular that $Q \subseteq S^j$. Since S is a complement of J in G, so is S^j; and $S^j \cap K$ is a complement of J in K which is normalized by the subgroup Q of S^j. This completes the proof of (b).

THEOREM 5.10: *Suppose that* θ *is a group of automorphisms and* K *is a* θ*-admissible normal subgroup of* G *meeting the following requirements :*

(a) G *splits over* K *and any two complements of* K *in* G *are conjugate in* G.

(b) $(o(\theta), o(K)) = 1$ *and simple non-soluble factors of* K *do not possess groups of outer automorphisms that are simple non-soluble factors of* θ.

Then there exist θ*-admissible complements of* K *in* G.

PROOF: G is a normal subgroup of its holomorph and θ is a subgroup of the holomorph of G. Hence we may form the subgroup $H = G\theta$ of the holomorph of G. Note that G is a normal subgroup of H and that θ is a complement of G in H. An immediate application of Theorem 5.9 shows the existence of a complement of K in G which is normalized by θ; and this is the desired θ-admissible complement of K in G.

REMARK 5.11: Example 5.7 shows the impossibility of omitting the second half of condition (a) without invalidating our Theorem. - Note that his second half of condition (a) is very restrictive, since it cannot be true in case G is abelian; and in this case we may use Theorem 5.5.

6. THE SPLITTING OF GROUPS AND THE SPLITTING OF THEIR SYLOW SUBGROUPS.

Assume that K is a normal subgroup of G and that C is a complement of K in G. If p is a prime, then let U be some p-Sylow subgroup of C. This is contained in a p-Sylow subgroup V of G; and $V \cap K$ is a p-Sylow subgroup of V. Clearly $V \cap K$ is a normal subgroup of V; and $(V \cap K) \cap U = 1$. Comparison of orders shows that $V = (V \cap K)U$; in other words: U is a complement of $V \cap K$ in V. Since all p-Sylow subgroups are conjugate in G, we have shown :

(S) *if* G *splits over* K, *then every Sylow subgroup* S *of* G *splits over* $S \cap K$.

This condition is trivially satisfied in case K is a normal Hall subgroup of G; and in this case Schur's Theorem assures us of the splitting of G over K.

There exists an example due to Zassenhaus [Higman p.554-555] of a soluble extension of a normal subgroup which does not split though the Sylow subgroups to, cp. Example 5.7.

On the other hand it is sometimes possible to show that G splits over its normal subgroup K if its Sylow subgroup split over their intersection with K. Corollary 6.4 will be such a criterion and Theorem 6.1 to 6.3 lead up to its proof; another criterion of this type is the Theorem of Gaschütz [Theorem 6.11].

THEOREM 6.1: *If* K *is a normal subgroup of* G, *if* H *is a normal Hall subgroup of* G, *if* G/H *splits over* HK/H, *and if* H *splits over* $K \cap H$ *and any two complements of* $K \cap H$ *in* H *are conjugate in* H, *then* G *splits over* K.

PROOF: By hypothesis there exists a complement C of $K \cap H$ in H. Naturally $K \cap H$ and H are normal subgroups of G. Thus C^g is for every g in G, a complement of $K \cap H$ in H. By hypothesis, any two complements of $K \cap H$ in H are conjugate in H. Consequently there exists an element h in H such $C^h = C^g$. Hence gh^{-1} belongs to the normalizer $\mathfrak{N}C$ of C in G; and g belongs to $\mathfrak{N}C.h \subseteq \mathfrak{N}C.H$. It follows that

$$G = H.\mathfrak{N}C .$$

This implies $G/H \simeq \mathfrak{N}C/[\mathfrak{N}C \cap H]$. Since H is a normal Hall subgroup of K, we may conclude that $\mathfrak{N}C \cap H$ is a normal Hall subgroup of $\mathfrak{N}C$. By Schur's Theorem [Remark 1.6] there exists a complement S of $\mathfrak{N}C \cap H$ in $\mathfrak{N}C$. The canonical isomorphism of G/H upon $\mathfrak{N}C/[\mathfrak{N}C \cap H]$ maps HK/H upon $[HK \cap \mathfrak{N}C]/[\mathfrak{N}C \cap H]$; and the canonical isomorphism of $\mathfrak{N}C/[\mathfrak{N}C \cap H]$ upon S maps $[HK \cap \mathfrak{N}C]/[\mathfrak{N}C \cap H]$ upon $HK \cap \mathfrak{N}C \cap S = HK \cap S$. Since G/H splits by hypothesis over HK/H, we conclude that S splits over $HK \cap S$. Consequently there exists a subgroup T satisfying

$$S = [HK \cap S]T, \quad 1 = HK \cap S \cap T = HK \cap T.$$

It follows from Dedekind's Law that

$$G = H.\mathfrak{N}C = H.[\mathfrak{N}C \cap H].S = HS =$$
$$= H[HK \cap S]T = [HK \cap HS]T = HK\,T ;$$

and thus we see that T is a complement of HK in G.

From $T \subseteq S \subseteq \mathfrak{N}C$ we conclude that C is normalized by T. Hence the product $TC = U$ is a subgroup of G. Since C is a complement of $K \cap H$ in H, and since T is a complement of HK in G, we find that

$$KU = K[K \cap H]CT = K\,H\,T = G ,$$
$$K \cap U = K \cap HK \cap CT = K \cap C[HK \cap T] = K \cap C = K \cap H \cap C = 1.$$

Hence U is the desired complement of K in G.

THEOREM 6.2: *Assume that the normal subgroup* K *if* G *and the normal Hall subgroup* H *of* G *meet the following requirements:*

(a) G/H *splits over* HK/H *and any two complements are conjugate in their compositum.*

(b) H *splits over* $K \cap H$ *and any two complements are conjugate in their compositum.*

(c) *If* S *is a subgroup of* G, *then any two complements of* $H \cap S$ *in* S *are conjugate in* S.

Then G *splits over* K *and any two complements of* K *in* G *are conjugate in their compositum.*

PROOF: The existence of complements of K in G is a consequence of Theorem 6.1.

Consider two complements A and B of K in G. Then $A \cap H$ and $B \cap H$ are complements of $K \cap H$ in H and HA/H and HB/H are complements of HK/H in G/H, since H is a normal Hall subgroup of G and as such is the totality of solutions of the equation $x^{o(H)} = 1$ in G.

Application of (a) shows the existence of an element r in $\{A, B\}$ such that $HB^r = HA$ since elements in H transform HA into itself. Application of (b) shows the existence of an element s in $\{H \cap B^r, H \cap A\} \leq \{B^r, A\} \leq \{B, A\}$ such that $(H \cap B^r)^s = H \cap A$. Since s belongs to H, we have $HB^{rs} = HB^r = HA$. Consequently $rs = t$ is an element in $\{A, B\}$ such that

$$HB^t = HA\ ,\ H \cap B^t = H \cap A.$$

Let $S = \{A, B^t\}$. Since $H \cap A = H \cap B^t = T$ is a normal subgroup of both A and B^t, it is likewise a normal subgroup of S. From $HA = HB^t$ we deduce $HS = HA = HB^t$

Since H is a normal Hall subgroup of G, T is a normal Hall subgroup of A and of B^t. By Schur's Theorem [Remark 1.6] there exist complement D and E of T in A and B^t respectively. Then

$$1 = D \cap T = D \cap H \cap A = D \cap H,\quad 1 = E \cap H$$

$$HS = HA = HTD = HD \ , \ HS = HE \ .$$

Thus D and E are complements of H in HS. But then D and E are a fortiori complements of $H \cap S$ in S. Application of (c) shows the existence of an element u in S such that $E^u = D$. Since $S \subseteq \{A, B\}$ the elements u and tu belong to $\{A, B\}$. Since T is a normal subgroup of S, we have $T^u = T$. It follows that

$$B^{tu} = [(B^t \cap H)E]^u = [TE]^u = TD = A;$$

and this completes the proof.

THEOREM 6.3: *Assume that* K *is a normal subgroup of* G *and that there exist normal Hall subgroups* H_i *with the following properties:*

(a) $H_o = 1 \ , \ H_i < H_{i+1}, \ H_n = G$.

(b) H_{i+1}/H_i *splits over* $H_i(H_{i+1} \cap K)/H_i$ *and any two complements are conjugate in their compositum.*

(c) *If* S *is a subgroup of* H_{i+1}, *then any two complements of* $H_i \cap S$ *in* S *are conjugate in* S.

Then G *splits over* K *and any two complements are conjugate in their compositum.*

PROOF: Let $K_i = K \cap H_i$. Then K_i is a normal subgroup of H_i [and G]; and we are going to prove by complete induction :

(d.i) H_i splits over K_i and any two complements of K_i in H_i are conjugate in their compositum.

Note that (d.n) is identical with the result we intend to prove.

Since (d.o) is trivially true, we may assume that $0 \leq i < n$ and that (d.i) is already verified. Then K_{i+1} is a normal subgroup of H_{i+1} and H_i is a normal Hall subgroup of H_{i+1}. Condition (b) asserts that H_{i+1}/H_i splits over $H_i K_{i+1}/H_i$ and that any two complements are conjugate in their compositum. The inductive hypothesis (d.i) asserts that H_i splits over $K_i = H_i \cap K_{i+1}$ and that any two complements are conjugate in their compositum. Noting finally condition (c) we verify that the triplet H_{i+1}, K_{i+1}, H_i meets the requirements (a),(b),(c) of Theorem 6.2. It follows that H_{i+1} splits over K_{i+1} and that any two complements are conjugate in their compositum. Thus we have verified (d.i+1); and this completes the inductive proof of our theorem.

COROLLARY 6.4: *If* K *is a normal subgroup of the Sylow tower group* G, *if every Sylow subgroup* P *of* G *splits over* $P \cap K$ *and any two complements* [*of* $P \cap K$ *in* P] *are conjugate in their compositum, then* G *splits over* K *and any two complements* [*of* K *in* G] *are conjugate in their compositum.*

PROOF: By hypothesis there exist normal Hall subgroups H_i of G such that

$$H_o = 1 \ , \ H_i < H_{i+1} \ , \ H_n = G \ ,$$

$$H_{i+1}/H_i \text{ is a } p_{i+1}\text{-group.}$$

Then H_{i+1}/H_i is essentially the same as a p_{i+1}-Sylow subgroup P; and $P \cap K$ corresponds [under the canonical isomorphism] to $H_i(H_{i+1} \cap K)/H_i$. It follows from our hypothesis that H_{i+1}/H_i splits over $H_i(H_{i+1} \cap K)/H_i$ and that any two complements are conjugate in their compositum. Next we note that the Sylow tower group G is soluble. Hence we may apply the Theorem of Zassenhaus onto its normal Hall subgroups H_i [see Theorem 1.15**]. Consequently if S is a subgroup of H_{i+1}, then any two complements of $S \cap H_i$ in S are conjugate in S. Thus we may apply Theorem 6.3 to show that G splits over K and that any two complements of K in G are conjugate in their compositum.

REMARK 6.5: If K is a normal subgroup of the Sylow tower group G, and if every Sylow subgroup P of G splits over $P \cap K$, then G need not split over K. For we have shown the existence of a p-group P, a q-group θ of automorphisms of P with $p \neq q$, a θ-admissible normal subgroup K of P such that P splits over K, though there does not exist a θ-admissible complement of P; see Example 5.7. Since P is a normal subgroup of the holomorph of P and θ is a subgroup of the holomorph of P, we may form the product $G = P\theta$, a subgroup of the holomorph of P. Then K is a normal subgroup of G; and the order of G is divisible by the primes p and q only. Hence (S) is satisfied by G. Every complement of K in G would contain a complement of K in P and a q-Sylow subgroup of G. Consequently splitting of G over K would imply the existence of a complement containing θ; and this would imply the existence of a θ-admissible complement of K in P, an impossibility.

LEMMA 6.6: *If the normal subgroup* K *of* G *is the direct product* $K = A_1 \otimes A_2$ *of normal subgroups* A_i *of* G, *and if* G/A_i *splits over* K/A_i *for* $i = 1,2$, *then* G *splits over* K.

PROOF: Since G/A_1 splits over K/A_1, there exists a subgroup H of G such that $G = KH$ and $K \cap H = A_1$. Hence

$$H \cap A_2 = H \cap K \cap A_2 = A_1 \cap A_2 = 1 ,$$

$$G/A_2 = KH/A_2 = A_2A_1H/A_2 = A_2H/A_2 \simeq H/(H \cap A_2) = H ;$$

and the natural isomorphism mapping G/A_2 onto H maps K/A_2 onto $K \cap H = A_1$. Since G/A_2 splits over K/A_2, we deduce that H splits over A_1; and consequently there exists a complement T of A_1 in H. It follows that

$$G = KH = KA_1T = KT ,$$

$$K \cap T = K \cap H \cap T = A_1 \cap T = 1.$$

Hence T is a complement of K in G, i.e. G splits over K.

COROLLARY 6.7: *If the normal subgroup* K *of* G *is the direct produc*

$K = \prod_{i=1}^{n} A_i$ *of normal subgroups* A_i *of* G, *if* $B_i = \prod_{j\neq i} A_j$, *and if* G/B_i *splits over* K/B_i *for every* i, *then* G *splits over* K.

PROOF: Let $K_i = \prod_{j=1}^{i} A_j$ for i = 0,...,n. Then $K_0 = 1$ and $K_n = K$; and we are going to prove by complete induction with respect to k that G/K_{n-k} splits over K/K_{n-k}. This is clearly true for k = 0 [and is the desired statement for k = n]. Assume therefore the validity of our statement for some k with $0 \leq k < n$. Noting that $K = K_{n-k}B_{n-k}$ and $K_{n-k-1} = K_{n-k} \cap B_{n-k}$ we see that K/K_{n-k-1} is the direct product of the normal subgroups K_{n-k}/K_{n-k-1} and B_{n-k}/K_{n-k-1} of G/K_{n-k-1}. Since G/K_{n-k-1} splits over these two normal subgroups, application of Lemma 6.6 shows that G/K_{n-k-1} splits over K/K_{n-k-1}; and this completes the inductive proof of our proposition.

REMARK 6.8: This Corollary 6.7 is applicable in particular whenever K is the direct product of characteristic subgroups of K which, naturally, are normal subgroups of G.

LEMMA 6.9: *Assume that the normal subgroups* A *and* B *of* G *have the following properties:*

(a) $A < B$;

(b) B *splits over* A;

(c) *any two complements of* A *in* B *are conjugate in* B;

(d) 1 *is the only element in* A *which belongs to the centralizer of some complement of* A *in* B.

Then G *splits over* A *and any two complements of* A *in* G *are conjugate.*

PROOF: There exists by (b) a complement S of A in B. Let $T = \mathfrak{N}S$ If g is an element in G, then S^g is likewise a complement of A in B. It is a consequence of (c) that there exists an element b in B such that $S^g = S^b$. Consequently gb^{-1} belongs to $\mathfrak{N}S = T$; and this implies

$$G = BT = AST = AT ,$$

since S is part of its normalizer T. If next d belongs to $A \cap T$ and s is an element in S, then their commutator s o d belongs to A, since A is a normal subgroup; and s o d belongs to S, since S is normalized by the element d in T. Consequently s o d belongs to $A \cap S = 1$. Hence S o d = 1 showing that d is part of the centralizer $\mathfrak{Z}X$ of S; and we deduce d = 1 from (d). Thus we have show that $A \cap T = 1$. Hence T is a complement of A in G.

If R is some complement of A in G, then $R \cap B = Q$ is a complement of A in B; and it is clear that $R \leq \mathfrak{N}Q$. But we have shown before that the normalizer of a complement of A in B is a complement of A in G. Hence $\mathfrak{N}Q$ is a complement of A in G, proving that $o(R) = [G:A] = o(\mathfrak{N}Q)$; and this implies $R = \mathfrak{N}Q$. Thus we have shown that every complement of A in G is the normalizer of a complement of A in B. Since the latter are conjugate in B [by (c)], so are the former; and this shows that the complements of A in G are conjugate in G.

PROPOSITION 6.10: *If* A *is an abelian normal subgroup of* G, *and if* U *is a subgroup between* A *and* G *such that* ([G:U], o(A)) = 1, *then the splitting of* G *over* A *and the splitting of* U *over* A *are equivalent properties.*

PROOF: If V is a complement of A in G, then $V \cap U$ is a complement of A in U, showing the necessity of the condition.

Assume conversely that U splits over A. Then there exists a complement B of A in U. Denote by R a set of (right-) representatives of G modulo U with 1 the representative of U. Then the product set RB is a set of representatives of G modulo A. If X is a coset of G/A, then we denote by r(X) the uniquely determined element in $X \cap RB$; and we note that 1 is the representative of A, i.e.

$$r(A) = 1$$

$$r(YX) = r(Y)r(X) \text{ for every } X \text{ in } U/A \text{ and } Y \text{ in } G/A,$$

since r(X) is in B and r(Y) = sb with b in B, s in R, br(X) in B so that r(Y)r(X) = s[br(X)] = r(YX). Next we note that

$$r(X)r(Y) = r(XY) \text{ modulo } A \text{ for } X \text{ and } Y \text{ in } G/A.$$

Hence

$$(X,Y) = r(X)r(Y)r(XY)^{-1}$$

is, for X,Y in G/A, an element in the abelian normal subgroup A of G. If in particular X belongs to U/A, then we have r(YX) = r(Y)r(X) and consequently

$$(X,Y) = 1 \text{ for } Y \text{ in } U/A \text{ and } X \text{ in } G/A.$$

Every coset X of G modulo A may be represented in one and only one way in the form;

$X = X'X^*$ with X^* in U/A and X' represented by an element in R.

Using this representation we find as before that

$$r(X) = r(X')r(X^*)$$

and furthermore

$$(X,Y) = (X,Y'Y^*) = (X,Y')(XY',Y^*)(Y',Y^*)^{-X^{-1}} = (X,Y')$$

where we have used the associativity relation

$$(X,Y)(XY,Z) = (Y,Z)^{X^{-1}}(X,YZ) \quad \text{for } X, Y, Z \text{ in } G/A$$

which we derived in the course of the proof of Theorem 1.4.

Consider next elements X,Y in G/A and r in R. Then we deduce from the associativity relations and the formula (X,Y) = (X,Y') that

$$(X,Ar)(Y,Ar)^{X^{-1}}(XY,Ar)^{-1} =$$
$$= (X,Ar)(Y,Ar)^{X^{-1}}[(Y,Ar)^{X^{-1}}(X,YAr)(X,Y)^{-1}]^{-1} =$$

$$= (X,Ar)(X,Yr)^{-1}(X,Y) = (X,Ar)(X,[Yr]')^{-1}(X,Y).$$

Next we let

$$a(X) = \prod_{r\in R} (X,Ar) \qquad \text{for } X \text{ in } G/A.$$

Noting that $[Yr]'$ ranges for fixed Y in G/A over the whole of R if r ranges over the whole of R, we obtain

$$a(X)a(Y)^{X^{-1}} a(XY)^{-1} = \prod_{r\in R} [(X, Ar)(Y,Ar)^{X^{-1}} (XY, Ar)^{-1}] =$$

$$= \prod_{r\in R} [(X, Ar)(X, [Yr]')^{-1}(X,Y)] = (X,Y)^{[G:U]},$$

since R contains exactly [G:U] elements. Since [G:U] is prime to the order of the abelian group A, raising elements in A into thei [G:U]-th power is an automorphism of A. We may denote the inverse automorphism of A by $[G:U]^{-1}$. Letting

$$b(X) = a(X)^{[G:U]^{-1}} \qquad \text{for } X \text{ in } G/A$$

we obtain

$$b(X)b(Y)^{X^{-1}} b(XY)^{-1} = (X,Y) \qquad \text{for } X,Y \text{ in } G/A.$$

Now we select new representatives of the cosets of G modulo A as follows:

$$s(X) = b(X)^{-1}r(X) \qquad \text{for } X \text{ in } G/A.$$

Then

$$s(X)s(Y) = b(X)^{-1} r(X)b(Y)^{-1}r(Y) = b(X)^{-1}b(Y)^{-X^{-1}} r(X)r($$

$$= b(X)^{-1}b(Y)^{-X^{-1}}(X,Y)\, r(XY) = b(XY)^{-1}r(XY) =$$

$$= s(XY)$$

for X, Y in G/A. Hence the set s(G/A) of all the elements s(X) with X in G/A is a subgroup of G. Since $s(X) \equiv r(X)$ modulo A for every X in G/A, this subgroup s(G/A) is at the same time a set of representatives of the cosets of G modulo A; in other words: s(G/A) is a complement of A in G. Hence G splits over A, as we wanted to show.

THEOREM 6.11: *If* A *is an abelian normal subgroup of* G, *then property* (S) *is necessary and sufficient for the splitting of* G *over* A.

PROOF: The necessity of this condition (S) for the splitting of G over A we have pointed out in the beginning of this section.

Assume now the validity of (S). If p is prime, then $A = A_p \otimes B_p$ where A_p is the totality of p-elements in A and where B_p is the totality of elements of order prime to p in A. Since A_p and B_p are characteristic subgroups of A, they are normal subgroups of G. We may form consequently, for every fixed prime p, the quotient group $G^* = G/B_p$ and its normal subgroup $A^* = A/B_p$. Then $A^* \simeq A_p$ is a normal p-subgroup of G^*. If P^* is some p-Sylow subgroup of G^*, then $A^* \leq P^*$; and we deduce from (S) the splitting of P^* over A^*. Since $[G^*:P^*]$ is prime to p and hence to $o(A^*)$, application of Proposition 6.10 shows the splitting of G^* over A^*. We may now apply Corollary 6.7 to see that G splits over A, as we wanted to show.

REMARK 6.12: The above Theorem 6.11, the Theorem of Gaschütz, contains as special case the Theorem 5.5. This may be seen as follows: we form first the subgroup $H = G\theta$ of the holomorph of G. Since K is a θ-admissible normal subgroup of G, it is a normal subgroup of H. If the prime divisor p of o(H) is a divisor of o(K), then p is prime to $o(\theta)$ by hypothesis and every p-Sylow subgroup of H is part of G. Since G splits over K, the Sylow subgroups of G split over their intersection with K. If the prime divisor p of o(H) does not divide o(K), then p-Sylow subgroups of H meet K in 1. Thus all Sylow subgroups of H split over their intersection with K. We apply the Theorem of Gaschütz to show the existence of a complement E of K in H. Then $E \cap K\theta$ is a complement of K in $K\theta$. Since K is abelian and since o(K) and $o(\theta) = [K\theta:K]$ are relatively prime, the two complements θ and $E \cap K\theta$ are conjugate in $K\theta$; see Corollary 1.14. Thus there exists an element k in K such that $\theta = [E \cap K\theta]^k = E^k \cap K\theta$; and $G \cap E^k$ is a complement of K in G which is normalized by θ.

LITERATURE

B. ECKMANN

Cohomology of groups and transfer
Annals of Math. 58 (1953), 481-493

W.GASCHUTZ

Zur Erweiterungstheorie der endlichen Gruppen
Journal für die reine und angew. Math.190(1952), 93-107

D.G.HIGMAN

Remarks on splitting extensions
Pacific Journal of Math. 4(1954), 545-555

7. THE HEADS OF A GROUP.

It will be convenient to define this concept in a more comprehensive fashion than will be needed for our apllication.

DEFINITION 7.1: *The subgroup* H *of* G *is termed a head of* G, *if*

(a) *every element* g *in* G *belongs to* $\{H, H^g\}$ *and*

(b) H *is conjugate to a subgroup of the subgroup* S *of* G *in case there exists a normal subgroup* T *of* S *which is normalized by* H *such that* $S/T \simeq H/(H \cap T)$.

One verifies easily that the group G is a head of G - note that the finiteness of G is needed for this verification.

LEMMA 7.2: *Every head* H *of* G *has the following properties:*

(a) *If the subgroup* S *of* G *contains* H, *then* $S = \mathfrak{N}S$.

(b) *If the subgroup* A *of* G *is isomorphic to* H, *then* A *and* H *are conjugate in* G.

(c) *If the subgroup* S *of* G *contains* H, *and if* σ *is a homomorphism of* S, *then* H^σ *is a head of* S^σ.

(d) *If* $H \leq S \cap S^g$ *for* g *in* G, *then* $S = S^g$ *and* g *belongs to* S.

[Subgroups with properties (a) and (d) are termed "abnormal" by Carter proving the abnormality of heads].

PROOF: Suppose that H is part of the subgroup S of G and that x belongs to the normalizer of S. Then x belongs to $\{H,H^x\} \leq S = S^x$, proving $S = \mathfrak{N}S$. If next H is isomorphic to the subgroup A of G, then H is conjugate to a subgroup of A; and this implies the conjugacy of the isomorphic finite groups H and A.

Suppose now that H is part of the subgroup S of G and that the homomorphism σ of S maps S upon T. Let $H^\sigma = J$. If t is any element in T, then there exists an element g in G such that $g^\sigma = t$. This element g belongs to $\{H,H^g\}$. Consequently $t = g^\sigma$

belongs to

$$\{H,H^g\}^\sigma = \{J,J^t\}$$

Assume next that K is a normal subgroup of the subgroup A of T, that K is normalized by J and that $A/K \simeq J/(J \cap K)$. Let $B = A^{\sigma^{-1}}$ and $L = K^{\sigma^{-1}}$. Then L is a normal subgroup of B and L is normalized by H. Furthermore

$$B/L \simeq A/K \simeq J/(J \cap K) \simeq H/(H \cap L).$$

Hence H is conjugate to a subgroup of B; and this implies that $J = H^\sigma$ is conjugate to a subgroup of $B^\sigma = A$. Thus we see that H^σ is a head of S^σ.

If S is a subgroup of G and g an element in G such that $H \leq S \cap S^g$, then we deduce from Definition 7.1, (a) that g belongs to $\{H,H^g\} \leq S^g$; and this implies $S = S^g$.

PROPOSITION 7.3: *The following property is necessary and sufficient for the subgroup* H *of* G *to be a head of* G:

(*) *If* H *is part of the subgroup* S *of* G, *and if* σ *is a homomor phism of* S, *then* $H^\sigma = \mathfrak{N}(H^\sigma)$ *and* H^σ *is conjugate to every subgro* A *of* S^σ *with* $A \simeq H^\sigma$.

PROOF: Assume first that H is a head of G. If the subgroup S of G contains H, and if σ is a homomorphism of S, then H^σ is a head of S^σ [Lemma 7.2, (c)]; and the necessity of condition (*) is an immediate consequence of Lemma 7.2, (a) and (b).

Assume conversely the validity of condition (*). If g is an element in G, then H and H^g are isomorphic subgroups of $S = \{H,H^g$ Letting $\sigma = 1$ we deduce from (*) that H and H^g are conjugate sub groups of S. Consequently there exists an element s in S such that $H^g = H^s$. It follows that gs^{-1} belongs to $\mathfrak{N}H = H \leq S$; and thus g itself belongs to S. Assume next that R is a normal subgroup of the subgroup Q of G, that R is normalized by H and that

$Q/R \simeq H/(H \cap R)$. Then R is a normal subgroup of $P = \{H, Q\}$. Denote by σ the canonical epimorphism of P upon P/R. Then

$$H^{\sigma} \simeq H/(H \cap R) \simeq Q/R = Q^{\sigma} .$$

Application of (*) shows the conjugacy of H^{σ} and Q^{σ} in P/R. Consequently there exists an element r in P such that

$$[RH/R]^{r} = H^{\sigma r} = Q^{\sigma} = Q/R ;$$

and this implies $H^{r} \leq Q$. Hence H is a head of G.

THEOREM 7.3: G *is nilpotent if, and only if,* G *is the only head of* G.

PROOF: Every proper subgroup of a nilpotent group is different from its normalizer [Zassenhaus, p.105, Satz 10]. Application of Lemma 7.2, (a) shows that nilpotency of G implies G = H for every head H of G.

Assume next that G is not nilpotent. Then there exists a prime divisor p of o(G) such that the p-Sylow subgroups of G are not normal [Zassenhaus, p.107, Satz 11]. Denote by P a p-Sylow subgroup of G and by $H = \mathfrak{N}P$ the normalizer of P in G. If g is an element in G, then P and P^{g} are both p-Sylow subgroups of $\{P, P^{g}\} = Q$; and as such they are conjugate in Q. Consequently there exists an element t in Q such that $P^{t} = P^{g}$. If follows that gt^{-1} belongs to $\mathfrak{N}P = H$. Hence g belongs to $\{H, Q\} \leq \{H, H^{g}\}$. Suppose next that T is a normal subgroup of the subgroup S of G, that T is normalized by H and that $S/T \simeq H/(H \cap T)$. Let $R = \{S, H\}$. Then T is a normal subgroup of R and P is a p-Sylow subgroup of R. Consequently TP/T is a p-Sylow subgroup of R/T. If x belongs to the normalizer of TP in R, then P and P^{x} are both p-Sylow subgroups of TP; and as such they are conjugate in TP. Consequently there exists an element y in TP such that $P^{y} = P^{x}$. It follows that xy^{-1} belongs to $\mathfrak{N}P = H$; and x belongs consequently to TH. Thus TH/T is the normalizer of a p-Sylow subgroup of R/T. From $S/T \simeq H/(H \cap T) \simeq TH/T$ we deduce that S/T contains a p-Sylow subgroup of R/T as a normal subgroup. Thus S/T lies between a p-Sylow subgroup and its normalizer; and S/T is isomorphic to the normalizer of a p-Sylow subgroup. It follows that S/T is likewise the normalizer of a p-Sylow subgroup of R/T. But normalizers of p-Sylow subgroups are conjugate, since this is true of the Sylow subgroups. Hence S and TH are conjugate subgroups, proving that H is conjugate to a subgroup of S. Thus we have shown that H is a head of G. But P was supposed to be not a normal subgroup of G. Hence $H = \mathfrak{N}P \neq G$. This shows the sufficiency of our condition.

REMARK 7.4: If H is the normalizer of a Sylow subgroup of G, then we have shown in the course of the proof of Theorem 7.3 that H is a head of G.

LEMMA 7.5: *If the subgroup* S *of* G *contains a head of* G, *and if* K *is a normal subgroup of* G, *then* $K \leq (K \circ G)S$.

PROOF: Since K is a normal subgroup of G, so is $K \circ G$. It is a consequence of Lemma 7.2, (c) that the canonical epimorphism of G upon $G/(K \circ G)$ maps heads upon heads. Consequently $(K \circ G)S/(K$ contains a head of $G/(K \circ G)$. Application of Lemma 7.2, (a) show that $(K \circ G)S/(K \circ G)$ is its own normalizer in $G/(K \circ G)$. Hence

$$K/(K \circ G) \leq \mathfrak{z}[G/(K \circ G)] \leq (K \circ G)S/(K \circ G).$$

and this implies $K \leq (K \circ G)S$.

REMARK 7.6: If we define inductively K_i, for K a normal subgroup of G, by the rules $K = K_0$, $K_{i+1} = K_i \circ G$, then one deduces from Lemma 7.5 by an obvious inductive argument:

If the subgroup S of G contains a head of G, then $K \leq SK_i$ for every i.

This fact admits of another interpretation: Suppose that the subgroup S of G contains a head of G, that A and B are normal subgroups of G, that A < B and that B/A is part of the hypercenter of G/A. Then $B \leq AS$ so that $B = A(S \cap B)$.

We recall the definition of *the central order* z(G) of the group G. Suppose that are given normal subgroups K(i) of G such that

$$K(0) = 1,\ K(i) < K(i+1),\ K(n) = G\ ,$$

$$K(i+1)/K(i) \text{ is a minimal normal subgroup of } G/K(i).$$

Then we may form the product z(...K(i)...) of all the indices [K(i+1) : K(i)] such that $K(i+1)/K(i) \leq \mathfrak{z}[G/K(i)]$. It is known that this number is independent of the special choice of the chain K(i); and this common product is the central order z(G) of G.

PROPOSITION 7.7: *If the subgroup* S *of* G *contains a head of* G, *then* z(G) *is a divisor of* z(S).

PROOF: Assume that the normal subgroups K(i) of G are selected in such a way that $1 = K(0)$, $K(i) < K(i+1)$, $K(n) = G$ and that K(i+1)/K(i) is a minimal normal subgroup of G/K(i). Then every $S \cap K(i)$ is a normal subgroup of S. If furthermore $K(i+1)/K(i) \leq \mathfrak{z}[G/K(i)]$, then we deduce from Lemma 7.5 that $K(i+1) \leq K(i)S$. Hence

$$K(i)[S \cap K(i+1)]/K(i) = K(i+1)/K(i) \leq \mathfrak{z}[G/K(i)]\ ;$$

and this implies

$$[S \cap K(i+1)]/[S \cap K(i)] \leq \mathfrak{z}[S/S \cap K(i)]\ ;$$

and now one verifies easily that z(S) is a multiple of z(G).

DEFINITION 7.8: *The subgroups* H(i) *of* G *form a totem pole of* G, *if* H(0) = G, H(i+1) < H(i) *and* H(i+1) *is a head of* H(i). *- This totem pole is termed maximal, if its terminal member does not* *possess a proper head.*

It is clear that there exist totem poles, e.g. the one consisting of G alone; and it is clear that there exist maximal tote poles, e.g. totem poles containing a greatest number of terms. It is immediate consequence of Theorem 7.3 that a totem pole is maximal if, and only if, its terminal member is nilpotent. - Since epimorphisms map heads onto heads, totem poles are likewise mapped upon totem poles by epimorphisms.

LEMMA 7.9: *Suppose that the subgroup* H(i) *for* $0 < i < n$ *form a totem pole of* G. *Then*

(a) H(n) *is the [system] normalizer of this totem pole.*

(b) *If* S(i) *is, for* $0 < 1 < n$, *a subgroup of* G *such that* $S(i+1) < S(i)$ *and* $S(i) \simeq H(i)$, *then there exists an element* g *in* G *such that* $S(i)^g = H(i)$ *for* $0 < i \leq n$.

(c) z(G) *is a divisor of* z[H(n)].

(d) $G = \{H(n)^G\}$.

(e) $G = KH(n)$, *if* K *is a normal subgroup of* G *with nilpotent* G/K.

PROOF: To prove (a) we show

$$\text{(a.i)} \qquad H(i) = \bigcap_{i=0}^{i} \mathfrak{N}H(j).$$

This is trivially true for i = 0. Thus we may assume that $i < n$ and that (a.i) has already been verified. Since H(i+1) is a head of h(i), the normalizer of H(i+1) in H(i) is just H(i+1); see Lemma 7.2, (a). Consequently

$$H(i+1) = H(i) \cap \mathfrak{N}H(i+1) = \bigcap_{j=0}^{i+1} \mathfrak{N}H(j)$$

by (a.i), completing the inductive proof of (a.i). Hence (a.n) = (a) is true too.

To show (b) we prove by complete induction

(b.i) there exists an element $g = g(i)$ such that $S(j)^g = H(j)$ for $0 \leq j \leq i$.

Since $S(0) \simeq H(0) = G$, we have $S(0) = G$; and this proves the validity of (b.0). Consequently we assume that $i < n$ and that the validity of (b.i) has already been verified. Let $g(i) = t$. Then $S(j)^t = H(j)$ for $0 \leq j \leq i$ and $S(i+1)^t \simeq S(i+1) \simeq H(i+1)$. Furthermore $S(i+1)^t$ is a subgroup of $S(i)^t = H(i)$; and $H(i+1)$ is a head of $H(i)$. Application of Lemma 7.2, (b) shows the existence of an element s in $H(i)$ such that $S(i+1)^{ts} = H(i+1)$. Letting $g(i+1) = ts$ we see that (b.i+1) too is true. This completes the inductive proof of (b.i) which in turn proves the validity of (b).

As a consequence of Proposition 7.7 we find that $z[H(i+1)]$ is a multiple of $z[H(i)]$. This implies (c).

If H is a head of the group J, and if j is an element in J, then j belongs to $\{H, H^j\} \leq \{H^J\}$; and this implies $J = \{H^J\}$. This enables us to prove inductively the equation $G = \{H(i)^G\}$ which is certainly true for $i = 0$, since $H(0) = G$, and since the remark just made implies

$$\{H(i)^G\} = \{\{H(i+1)^{H(i)}\}^G\} = \{H(i+1)^G\} .$$

Thus we have verified (d).

The canonical epimorphism of G upon the nilpotent group G/K maps the totem pole $H(i)$ of G upon the totem pole $KH(i)/K$ of G/K. But, by Theorem 7.3, nilpotent groups possess only the trivial head and consequently only the trivial totem pole. [Note that the hypothesis made in (e) is necessary in case the totem pole is maximal, since then $H(n)$ is nilpotent].

To construct a variety of heads we introduce the concept of *Sylow functor*. Such a Sylow functor Σ is supposed to be defined for *every finite group* G and to meet the following requirements:

(S.I) ΣG *is a class of conjugate subgroups of* G.

(S.II) *If the subgroup* S *of* G *is isomorphic to a subgroup in* ΣG, *then* S *belongs to* ΣG.

(S.III) *If the subgroup* S *of* G *contains the subgroup* A *in* ΣG, *the* A *belongs to* ΣS.

(S.IV) $\Sigma(G^{\sigma}) = (\Sigma G)^{\sigma}$ *for every epimorphism* σ *of* G.

If p is a prime, then letting ΣG be the class of p-Sylow subgroups of G defines a Sylow functor Σ. Further examples of Sylow functors will be constructed below.

Naturally it would be possible and useful to introduce the more general concept of Sylow functor for some class of groups, different from the class of finite groups, e.g. for the class of all soluble finite groups. But in our present discussion we have no need of this more comprehensive concept.

PROPOSITION 7.10: *If* Σ *is a Sylow functor, and if* J *belongs to* ΣG *then* $H = \mathfrak{N}J$ *is a head of* G.

PROOF: If g is an element in G, then J and J^g belongs to ΣG and are subgroups of $\{J, J^g\}$. It is a consequence of (S.III) that J and J^g belong to $\Sigma\{J, J^g\}$; and consequently we deduce from (S.I) the existence of an element t in $\{J, J^g\}$ such that $J^t = J^g$. Hence gt^{-1} belongs to $\mathfrak{N}J = H$. Since J is part of H, we see that g belongs to $\{J, J^g, H\} = \{H, J^g\}$. This implies in addition that $\{H, H^g\} = \{H, J^g\}$. In particular we have verified property (a) of Definition 7.1.

Suppose next that σ is a homomorphism of the subgroup U of G and that $H \leq U$. From $J \leq H$ and (S.III) we deduce that J belongs to ΣU; and it is a consequence of (S.IV) that J^{σ} belongs to $\Sigma(U^{\sigma})$ Consider now an element t in U^{σ} which normalizes J^{σ}. Then there exists an element u in U such that $t = u^{\sigma}$; and we have shown in the first paragraph of our proof that u belongs to $\{H, J^u\}$. It follows that t belongs to

$$\{H,J^u\}^{\sigma} = \{H^{\sigma},(J^u)^{\sigma}\} = \{H^{\sigma},(J^{\sigma})^t\} = \{H^{\sigma},J^{\sigma}\} = H^{\sigma},$$

since t belongs to the normalizer of J^{σ}, and since $J \leq \mathfrak{N}J = H$ implies $J^{\sigma} \leq H^{\sigma}$. Thus we have shown that the normalizer of J^{σ} in U^{σ} is part of H^{σ}; and this implies $\mathfrak{N}(J^{\sigma}) = H^{\sigma} = (\mathfrak{N}J)^{\sigma}$.

Suppose now that T is a normal subgroup of the subgroup S of G, that T is normalized by H and that $S/T \simeq H/(H \cap T)$. Then T is a normal subgroup of $U = \{H, S\}$. Denote by σ the canonical epimorphism of U upon U/T. Then

$$S/T \simeq H/(H \cap T) \simeq TH/T = H^{\sigma} = \mathfrak{N}(J^{\sigma}).$$

Consequently there exists a subgroup L/T of S/T with the following properties: $S/T = \mathfrak{N}(L/T)$ and $L/T \simeq J^{\sigma}$. It is a consequence of (S.IV) that J^{σ} belongs to $\Sigma(U^{\sigma})$; and hence (S.II) implies that L/T likewise belongs to $\Sigma(U^{\sigma})$. Application of (S.I) shows that L/T and $J^{\sigma} = TJ/T$ are conjugate subgroups of U/T; and consequently there exists an element u in U such that $L = (TJ)^u = TJ^u$. Next we note that $S/T = \mathfrak{N}(L/T)$ implies that S is the normalizer of L in U. Since $\mathfrak{N}J = H \leq U$, and since T is a normal subgroup of U, it follows that H is part of the normalizer of TJ in U; and this implies that H^u is part of the normalizer S of $L = (TJ)^u$ in U. Thus property (b) of Definition 7.1 has been verified too, proving that H is a head of G.

REMARK 7.4*: This proof is an adaption of the corresponding part of the proof of Theorem 7.3.

REMARK 7.11: Suppose that Σ is a Sylow functor. Then we define $\mathfrak{N}\Sigma(G)$, for G a finite group, as the set of all the normalizers $\mathfrak{N}X$ with X in ΣG. It is quite clear that $\mathfrak{N}\Sigma G$ is a class of conjugate subgroups of G; and it is a consequence of Proposition 7.10 that every group in $\mathfrak{N}\Sigma G$ is a head of G; and as such it is equal with its normalizer [Lemma 7.2, (a)]. Since the number of subgroups conjugate to the subgroup S in G is just the index $[G: \mathfrak{N}S]$, it follows that ΣG and $\mathfrak{N}\Sigma G$ contain the same number of groups. Mapping the subgroup X in ΣG upon the subgroup $\mathfrak{N}X$ in $\mathfrak{N}\Sigma G$ constitutes consequently a one to one correspondance between ΣG and $\mathfrak{N}\Sigma G$. - If the subgroup Y in $\mathfrak{N}\Sigma G$ is isomorphic to a subgroup S of G, then there exists one and only one X in ΣG such that $Y = \mathfrak{N}X$; and S contains a normal subgroup T isomorphic to X. It follows from (S.II) that T is in ΣG; and from $S \leq \mathfrak{N}T \simeq \mathfrak{N}X \simeq$ we conclude that $S = \mathfrak{N}T$ belongs likewise to $\mathfrak{N}\Sigma G$. - Suppose that the subgroup U of G contains the subgroup $Y = \mathfrak{N}X$ with X in ΣG. Then it follows from (S.III) that X belongs to ΣU; and this implies that $Y = \mathfrak{N}X$ belongs to $\mathfrak{N}\Sigma U$. - We note next a fact verified during the proof of Proposition 7.10, namely: If X belongs to ΣG, if $\mathfrak{N}X$ is part of the subgroup U of G, and if σ is a homomorphism of U, then $(\mathfrak{N}X)^{\sigma} = \mathfrak{N}(X^{\sigma})$. But this implies clearly $\mathfrak{N}\Sigma(G^{\sigma}) = (\mathfrak{N}\Sigma G)^{\sigma}$ for every homomorphism σ of G. Collecting all these facts we see that $\mathfrak{N}\Sigma$ too is a Sylow functor.

DEFINITION 7.12: *If* Σ' *and* Σ'' *are Sylow functors, then their product* $\Sigma' \circ \Sigma''$ *is defined by the following rule:*

the subgroup S *of the [finite] group* G *belongs to* $(\Sigma' \circ \Sigma'')G$ *if, and only if, there exists a subgroup* T *in* $\Sigma'G$ *such that* $T \leq S \leq \mathfrak{N}T$ *and* S/T *belongs to* $\Sigma''(\mathfrak{N}T/T)$.

Instead of $\Sigma' \circ \Sigma''$ it will often be convenient to write $\Sigma'\Sigma''$.

PROPOSITION 7.13: *If* Σ' *and* Σ'' *are Sylow functors, then* $\Sigma' \circ \Sigma''$ *is a Sylow functor.*

PROOF: Suppose that A and B belong to $\Sigma'\Sigma''G$. Then there exist subgroups U and V in $\Sigma'G$ such that $U \leq A \leq \mathfrak{N}U$ and $V \leq B \leq \mathfrak{N}V$ and such that A/U belongs to $\Sigma''(\mathfrak{N}U/U)$ and B/V to $\Sigma''(\mathfrak{N}V/V)$. It follows from (S.I) that U and V are conjugate. Hence there exists an element g in G such that $V^g = U$; and it follows that $U \leq B^g \leq \mathfrak{N}U$. The inner automorphism induced by g maps isomorphically $\mathfrak{N}V/V$ upon $\mathfrak{N}U/U$ and B/V upon B^g/U. It follows from (S.IV) that B^g/U belongs to $\Sigma''(\mathfrak{N}U/U)$; and application of (S.I) shows that A/U and B^g/U are conjugate. Hence A and B^g and consequently A and B are conjugate. Thus (S.I) is satisfied by $\Sigma'\Sigma''$.

Suppose next that the subgroup R of G is isomorphic to A. Then the subgroup U in $\Sigma'G$ is isomorphic to a normal subgroup Q of R with $R/Q \simeq A/U$; and Q belongs to $\Sigma'G$ by (S.II). Note that $Q \leq R \leq \mathfrak{N}Q$. Since Q is conjugate to U, there exists a subgroup L such that $Q \leq L \leq \mathfrak{N}Q$ and $L/Q \simeq A/U \simeq R/Q$ and such that L/Q belongs to $\Sigma''(\mathfrak{N}Q/Q)$. But then R/Q belongs by (S.II) to $\Sigma''(\mathfrak{N}Q/Q)$ so that R belongs to $\Sigma'\Sigma''G$, verifying the validity of (S.II).

Suppose next that A is part of the subgroup D of G. Application of (S.III) shows that U belongs to $\Sigma'D$. Since $U \leq A \leq D \cap \mathfrak{N}U$, since the latter subgroup is the normalizer of U in D, since A/U is a subgroup of the subgroup $(D \cap \mathfrak{N}U)/U$ of $\mathfrak{N}U/U$, a second application of (S.III) shows that A/U belongs to $\Sigma''[(D \cap \mathfrak{N}U)/U]$. Hence A belongs to $\Sigma'\Sigma''D$, proving the validity of (S.III).

Consider finally an epimorphism σ of G upon a group $G^\sigma = E$. Then $\Sigma'(E) = \Sigma'(G^\sigma) = (\Sigma'G)^\sigma$ by (S.IV). Application of Remark 7.11 shows that $\mathfrak{N}\Sigma'(E) = \mathfrak{N}\Sigma'(G^\sigma) = (\mathfrak{N}\Sigma'G)^\sigma$. Application of (S.IV) shows $\Sigma''[(\mathfrak{N}U/U)^\sigma] = [\Sigma''(\mathfrak{N}U/U)]^\sigma$. Noting $(\mathfrak{N}U/U)^\sigma = \mathfrak{N}(U^\sigma)/U^\sigma$ we obtain by combination of these facts the validity of (S.IV). Thus we have shown that $\Sigma'\Sigma''$ too is a Sylow functor.

Naturally we may form now the product of any [finite] number of Sylow functors. Of particular importance is the following construction: Denote by Σ_p for p a prime the p-*Sylow functor* which maps the group G upon its set of p-Sylow subgroups. Consider next a finite ordered set $\mathfrak{g} = [p_1, \dots, p_k]$ of distinct primes. Then we may form the Sylow functor [by Proposition 7.13] $\Sigma_{\mathfrak{g}} = \Sigma_{p_1} \dots \Sigma_{p_k}$. If G is a group, and if S belongs to $\Sigma_{\mathfrak{g}} G$, then one verifies without difficulty the existence of characteristic subgroups S_i of S such that $S_o = 1$, $S_i \le S_{i+1}$, $S_k = S$ and S_{i+1}/S_i is a p_{i+1}-Sylow subgroup of S/S_i, even of $\mathfrak{N}S_i/S_i$. Thus S is a Sylow tower group [of type $\mathfrak{g}$] and in particular soluble. We note furthermore that S_i contains all the elements [and only the elements] in $\mathfrak{N}S_i$ whose orders are divisible by the primes $p_1, \dots, p_i$ only. If therefore every prime divisor of o(G) appears in $\mathfrak{g}$, then $S = S_k = \mathfrak{N}S_k = \mathfrak{N}S$; and an application of Proposition 7.10 shows that S is a head of G. We restate this important result.

THEOREM 7.14: *The groups in* $\Sigma_{\mathfrak{g}} G$ *are Sylow tower groups of type* $\mathfrak{g}$; *and they are heads of* G, *if* $\mathfrak{g}$ *contains every prime divisor of* o(G

This fundamental result shows among other things the existence of soluble heads. That there exists, in general, a multitude o soluble heads, shows the following improvement upon Theorem 7.3.

THEOREM 7.3*: G *is nilpotent if, and only if, any two soluble hea of* G *are isomorphic.*

PROOF: If G is nilpotent, then G is the only head of G [Theorem 7. Thus our condition is certainly necessary. - Assume conversely that G is not nilpotent. Then there exists a prime p such that the p-Sylow subgroups of G are not normal subgroups of G [since normality of all Sylow subgroups is characteristic for nilpotency]. Let P be some p-Sylow subgroup of G. Then P is not a normal subgroup of G and hence $[G: \mathfrak{N}P] \neq 1$. Denote by q some prime divisor of $[G: \mathfrak{N}P]$. Then $\mathfrak{N}P$ does not contain any q-Sylow subgroups of G. Clearly p and q are different prime divisors of o(G). Denote the set of the remaining prime divisors of o(G) in some order by $\mathfrak{w}$. It is a consequence of Theorem 7.14 that the subgroup in $\Sigma_p\Sigma_q\Sigma_{\mathfrak{w}}G$ and in $\Sigma_q\Sigma_p\Sigma_{\mathfrak{w}}G$ are soluble heads of G. If X belongs to $\Sigma_p\Sigma_q\Sigma_{\mathfrak{w}}G$, then X contains a p-Sylow subgroup X_1 of G and is part of $\mathfrak{N}X_1$. But the latter subgroup does not contain any q-Sylow subgroups of G, as was noted before. Hence X does not contain a q-Sylow subgroup of G. If Y belongs to $\Sigma_q\Sigma_p\Sigma_{\mathfrak{w}}G$, then Y contains a q-Sylow subgroup of G. Hence X and Y are soluble heads of G which are not isomorphic; and this completes the proof.

LEMMA 7.15: *If* H *is a head of* G *such that* $z(H) = z(G)$, *and if* σ *is a homomorphism of* G, *then* H^σ *is a head of* G^σ *with* $z(H^\sigma) = z(G^\sigma)$.

PROOF: That epimorphisms map heads upon heads, is for all practical purposes part of the definition of a head. Assume next that M is a minimal normal subgroup of G.

CASE 1: M is part of the center of G.

Then $M \leq \mathfrak{z}G \leq \mathfrak{N}H = H$ and this implies $M \leq \mathfrak{z}H$. It follows now from the definition of the central order that

$$z(G/M) = z(G)o(M)^{-1} = z(H)o(M)^{-1} = z(H/M).$$

CASE 2: M is not part of the center of G.

Then $z(G) = z(G/M)$. It is a consequence of Proposition 7.7 that $z(MH/M)$ is a multiple of $z(G/M) = z(G) = z(H)$. On the other hand $z(MH/M) = z(H/H \cap M)$ is a divisor of $z(H)$, as follows from the definition of the central order. Consequently $z(G/M) = z(H) = z(MH/M)$.

Thus we have verified the contention of Lemma 7.15 in case the kernel of σ is a minimal normal subgroup of G; and from this special case we deduce the general case by an obvious inductive argument.

THEOREM 7.16: *The following properties of the group* G *are equivalent.*

(i) G *is soluble.*

(ii) *Every subgroup* S *of* G *possesses a soluble head* H *with* $z(H) = z(S)$.

(iii) *Every characteristic subgroup* K *of* G *possesses a soluble head* H *with* $z(H) = z(K)$.

PROOF: If G is soluble, so is every subgroup S of G. If S is soluble, then S is a soluble head of S. Hence (i) implies (ii); and it is clear that (ii) implies (iii).

Assume next the validity of (iii). The terminal member K of the derived series - defined by $G = G^{(o)}$, $G^{(i+1)} = [G^{(i)}]'$ - if G is a characteristic subgroup of G with the following properties:

G/K is soluble;

if X is a normal subgroup of G with soluble G/X, then $K \leq X$.

If G were not soluble, then $K \neq 1$. Consequently there would exist a normal subgroup L of G such that $L < K$ and K/L is a minimal normal subgroup of G/L. Since solubility of K/L would imply the impossible solubility of G/L, this minimal normal subgroup K/L of G/L is not soluble. Since K/L is free of proper characteristic sub groups, K/L is a product of isomorphic, simple, normal subgroups. Since these are not abelian because of the non-solubility of K/L, we conclude that $z(K/L) = 1$. Because of (iii) there exists a soluble head H of K with $z(H) = z(K)$. Application of Lemma 7.15 show that LH/L is a soluble head of K/L with

$$z(LH/L) = z(K/L) = 1 .$$

But the central order a group is always a multiple of the order of the commutator quotient group. Hence LH/L = (LH/L'); and this implies LH/L = 1 because of the solubility of H and LH/L. But 1 is the only group one of whose heads is 1 [Lemma 7.2.]. Hence K/L = 1 contradicting L < K. This contradiction proves K = 1, i.e. the solubility of G. Thus (i) is a consequence of (iii).

REMARK 7.17: If G is the symmetric group of degree 5, then z(G) = 2. Form $\Sigma_{3,2,5}$ and apply this functor to G. The resulting subgroups of G are then soluble heads of G [Theorem 7.14] and they are direct products of a cyclic group of order 2 and of a non-abelian group of order 6 so that their central order is 4. It seems to be an open question whether a non soluble group G may posses a soluble head H with z(G) = z(H).

LEMMA 7.17: *If* Σ *is a Sylow functor, if* A *belongs to* ΣG, *and if* B *is a subgroup such that* $A \leq B \leq \mathfrak{N}A$ *and* B/A *is a head of* $\mathfrak{N}A/A$, *then* B *is a head of* G.

This is a generalisation of Proposition 7.10.

PROOF: If g is an element in G, then A and A^g are isomorphic subgroups of $S = \{A, A^g\}$. We apply (S.III) to see that A belongs to ΣS. Hence it follows from (S.II) and $A \simeq A^g$ that A^g likewise belongs to ΣS; and application of (S.I) shows the existence of an element s in S such that $A^g = A^s$. The element $t = gs^{-1}$ belongs to $\mathfrak{N}A$. Since B/A is a head of $\mathfrak{N}A/A$, and since At is an element in $\mathfrak{N}A/A$, this element At belongs to $\{B/A, B^t/A\}$; and hence t belongs to $\{B, B^t\}$. Since s belongs to $\{A, A^g\} \leq \{B, B^g\}$, we may conclude that $B^t = B^{gs^{-1}} \leq \{B, B^g\}$. The element t in $\{B, B^t\}$ belongs consequently to $\{B, B^g\}$. Since this subgroup contains s and t, it follows that g = ts belongs to $\{B, B^g\}$.

Suppose next that U is a normal subgroup of the subgroup V of G, that U is normalized by B and that $V/U \simeq B/(B \cap U)$. Then V is a normal subgroup of the subgroup $W = \{V, E\}$; and we denote by σ the canonical epimorphism of W upon W/U. Since Σ is a Sylow functo and A belongs to ΣG, we deduce from (S.IV) that $A^\sigma = UA/U$ belongs to $\Sigma(W/U)$. From $A^\sigma \leq B^\beta = UB/U \simeq B/(B \cap U) \simeq V/U$ and the normality of A in B we deduce the existence of a normal subgroup L of V whic contains U such that $L/U \simeq A^\sigma$ and $V/L \simeq B^\sigma/A^\sigma$. Since Σ is a Sylow functor we deduce from (S.II) that L/U too belongs to $\Sigma(W/U)$. Application of (S.III) and (S.I) shows next that $A^\sigma = UA/U$ and L/U are conjugate in $\{A^\sigma, L/U\} = \{A, L\}/U$. Consequently there exists an element a in $\{A, L\}$ such that $L^a = UA$; and this element a belongs to W and thus normalizes U. - Next we note

$\mathfrak{N}(UA/A) = \mathfrak{N}(A^\sigma) = (\mathfrak{N}A)^\sigma = U.\mathfrak{N}A/U$, a result that has been verified in the course of the proof of Proposition 7.10. Since L is a normal subgroup of V, it follows that $L^a = UA$ is a normal subgroup of V^a. Hence $V^{a\sigma}$ is part of the normalizer of $L^{a\sigma} = UA/U = A^\sigma$; and this normalizer is just $U.\mathfrak{N}A/U$. Since B/A is a head of $\mathfrak{N}A/A$, we conclude from Lemma 7.2(c) that B^σ/A^σ is a head of $(\mathfrak{N}A)^\sigma/A^\sigma = \mathfrak{N}(A^\sigma)/A^\sigma$. Since $B^\sigma/A^\sigma \simeq V/L \simeq V^a/L^a \simeq V^{a\sigma}/L^{a\sigma}$ as $U = U^a \leq L^a$, we see that B^σ/A^σ and $V^{a\sigma}/A^\sigma$ are isomorphic subgroups of $\mathfrak{N}(A^\sigma)/A^\sigma$ and these are conjugate in $\{B^\sigma/A^\sigma, V^{a\sigma}/A^\sigma\}$, since the first of the is a head. Consequently there exists an element b in $\{B, V^a\}$ such that $V^{ab} = UB$; and thus B is conjugate to a subgroup of V. Hence B is a head of G as was to be shown.

The set $\mathfrak{L}$ of subsets of the group G is termed *a characteristic configuration of* G, if there exists to every automorphism σ of G an element s in G such that

$$B^\sigma = B^s \quad \text{for every subset B in } \mathfrak{L}.$$

Clearly every set of characteristic subgroups of G is a characteristic configuration of G. Further examples: every head of G and every subgroup in ΣG for Σ a Sylow functor.

It is clear that the [set theoretical] join of any number of characteristic configurations of G is again a characteristic configuration of G. - If furthermore B is a subgroup [not only a subset] belonging to the characteristic configuration $\mathcal{L}$ of G, then every characteristic configuration of B is clearly likewise a characteristic configuration of G. Combination of these construction principles leads to the following further examples of characteristic configurations of G:

1) every totem pole of G;

2) every terminal member of a totem pole of G;

3) suppose that H is a soluble head of G - the existence of soluble heads of G is assured by Theorem 7.14. If p is a prime divisor of o(H), then there exists a p-complement H(p) of H by Theorem 1a.1. It is a consequence of Theorem 1a.2 that a set of p-complements of H [one for every prime divisor p of o(H)] is a characteristic configuration $\mathcal{G}$ of H. Its system normalizer $N = \mathcal{N}$ is by Theorem 1a.4 nilpotent; and it is clear that $\mathcal{N}\mathcal{G}$ too is a characteristic configuration of G. A result due to Ph.Hall [p.524, Theorem 8.1] shows that the order $o(\mathcal{N}\mathcal{G}) = z(H)$ is the central order of H.

If $\mathcal{L}$ is a characteristic configuration of G, then its normalizer $\mathcal{N}\mathcal{L}$ is nothing else but the intersection of the normalizers of the individual subsets belonging to $\mathcal{L}$. It is clear that $\mathcal{N}\mathcal{L}$ too is a characteristic configuration of G [which consists of one subgroup only]. As usual the number of configurations conjugate to $\mathcal{L}$ is the index of normalizer; and we shall term it *the index* $[G:\mathcal{L}]$ *of the configuration* $\mathcal{L}$ *in* G. We note that

$[G:\mathcal{L}] = [G:\mathfrak{N}\mathcal{L}]$ and that consequently $o(G) = o(\mathfrak{N}\mathcal{L})[G:\mathcal{L}]$.

The application of the proceding considerations to the splitting problem is based on the following general principle.

LEMMA 7.18: *If* L *and* K *are normal subgroups of* G, *if* $L < K$ *and* G/L *splits over* K/L, *and if there exists a characteristic configuration* $\mathcal{L}$ *of* L *such that* [G:K] *and* $o(L)[L:\mathcal{L}]^{-1} = o(\mathfrak{N}\mathcal{L})$ *are relatively prime, then* G *splits over* L *and* K.

PROOF: Denote by S the normalizer of $\mathcal{L}$ in G. Then $L \cap S$ is the normalizer of $\mathcal{L}$ in L. Since $o(L) = [L:\mathcal{L}]o(L \cap S)$, we deduce from our last hypothesis that $o(L \cap S)$ and [G:K] are relatively prime.

Every element g in G induces an automorphism in the normal subgroup L of G. Since $\mathcal{L}$ is a characteristic configuration of L, there exists an element h in L such that $B^h = B^g$ for every B in $\mathcal{L}$. Consequently gh^{-1} belongs to the normalizer S of $\mathcal{L}$ in G; and this implies $G = LS$.

Since G/L and $S/(L \cap S)$ are isomorphic, and since G/L splits over K/L, we may conclude that $S/(L \cap S)$ splits over $(K \cap S)/(L \cap S)$. Consequently there exists a subgroup T of S such that

$$S \quad (K \cap S)T, \quad L \cap S = K \cap S \cap T = K \cap T.$$

But then $[T:K \cap T] = [T:L \cap S] = [S:K \cap S] = [G:K]$ is prime to to $o(L \cap S) = o(K \cap T)$; and application of Schur's Theorem [Remark 1.7] shows the existence of a complement E of $K \cap T$ in T. It is easily seen that E is a complement of L in G.

Since $E \simeq G/L$ and since, by hypothesis, G/L splits over K/L, we conclude that E splits over $K \cap E$. If F is a complement of $K \cap E$ in E, then one verifies that F is a complement of K in G.

COROLLARY 7.19: *If* L *and* K *are normal subgroups of* G, *if* $L < K$ *and* G/L *split over* K/L, *and if* L *possesses a soluble head* H *such that* [G:K] *and* z(H) *are relatively prime, then* G *splits over* L *and* K.

This is an immediate consequence of Lemma 7.18, if we just remember that a system normalizer of the soluble head H of L constitutes a characteristic configuration of L and that z(H) is just the order of this system normalizer; see 3) above.

If in particular o(L) is prime to [G:K], then there exists a soluble head H of L by Theorem 7.14 and its central order z(H) is as a divisor of o(H) relatively prime to [G:K]. Thus the requirement (o(L),[G:K]) = 1 is stronger than the last hypothesis in Corollary 7.19:

If we let L = K' in Corollary 7.19, then we may combine Corollary 7.19 with the Theorem of Gaschütz [Theorem 6.11] to obtain the following criterion:

If K *is a normal subgroup of* G, *if every Sylow subgroup of* G/K' *splits over its intersection with* K/K', *and if* K' *possesses a soluble head* H *such that* [G:K] *and* z(H) *are relatively prime, then* G *splits over* K' *and* K.

LITERATURE

PH.HALL

On the system normalizers of a soluble group
Proc.London Math.Soc.43 (1937), 507-528.

EPILOGUE : ECKMANN'S TRANSFER.

In fair number of proofs we have used arguments of a cohomological type, notably in the proofs of Theorem 1.4, Lemma 1.13, section 3, Theorem 5.5, Proposition 6.10. They all are due to an idea of I. Schur and they are concerned with the two lowest dimensions. Eckmann has given a generalisation of these arguments to any number of dimensions; and we want to present those parts of his ideas here which are relevant to our discussion.

We recall first the fundamental concepts of the cohomology of groups. There is given firstly an abelian group A which it will be convenient to write additively - that A is abelian, is an essential loss in applicability and we had to expend considerable energy to get rid of this commutativity hypothesis if it was possible at all - and secondly a group G operating on A. This signifies that there is given a homomorphism mapping G into the group of automorphism of A; and the automorphism of A corresponding to the element g in G maps the element a in A upon the element ga in A. [In agreement with notations used throughout these notes we should have written ag instead of ga; but as we are only going to sketch our arguments in this epilogue, we have adopted notations customary in cohomology theory so that the reader may find it easier to fill in the holes from the existing literature]. Then the following formulae are true

$g(a+b) = ga + gb$, $1a = a$, $(gh)a = g(ha)$ for a,b in A and g, h in G.

An n-dimensional cochain is a function f of the [ordered] n-tuplets of elements in G with values in A. These are added and substracted in the obvious fashion, producing the group of n-dimensional cochains; this is also the case for n = 0.

If f is an n-dimensional cochain of G over A, then the coboundary homomorphism δ maps f upon the (n+1)-dimensional cochain δf of G over A which is defined by the rule

$$(\delta f)(g_1,\dots,g_{n+1}) = g_1 f(g_2,\dots,g_{n+1}) + \\ + \sum_{i=1}^{n} (-1)^i f(g_1,\dots,g_i g_{i+1},\dots,g_{n+1}) + \\ + (-1)^{n+1} f(g_1,\dots,g_n).$$

One verifies that this is actually a homomorphism and that the square is 0. The kernels of these homomorphisms are formed by the soc.cocycles and the images form a subgroup of the group of the cocycles, the coboundaries. Cocycles modulo coboundaries form the cohomology-groups $H^n(A,G)$.

2-dimensional cocycles are the factor sets of section 1 and the splitting factor sets are the coboundaries of one dimensional cochains. 1-dimensional cocycles are the crossed homomorphisms and 1-dimensional coboundaries form the principal genus.

In addition to A and G and the representation of G over A we consider now a subgroup S of G. Every n-dimensional cochain f of G over A defines by restriction an n-dimensional cochain of S over A; and this restriction homomorphism maps cocycles onto cocycles and coboundaries onto coboundaries. We obtain in this fashion the restriction homomorphism of $H^n(A,G)$ into $H^n(A,S)$.

So far all the groups under consideration were permitted to be infinite. We assume now that the index [G:S] of S in G be finite. Then we select a set of right representatives of G modulo S; and we denote the representative of the coset X by r(X) so that X = Sr(X). In particular we let r(S) = 1. If f is an n-dimensional cochain of S over A, then we denote by γf an n-dimensional cochain of G over A defined by the rule :

$$\eta f(g_1,\dots,g_n) = \sum_X r(X)^{-1} f(\dots, r(X)g_i r[r(X)g_i]^{-1},\dots).$$

This is well defined, since $Xg_i = Sr(X)g_i = Sr(Xg_i)$ so that every $r(X)g_i r[r(X)g_i]^{-1}$ belongs to S. It is clear that this is a homomorphism of the n-dimensional cochain group of S over A into the n-dimensional group of cochains of G over A. This homomorphism maps cocycles onto cocycles, coboundaries onto coboundaries; and induces therefore a homomorphism η of $H^n(A,S)$ into $H^n(A,G)$ which is independent of the choice of representatives r(X). If we denote the restriction homomorphism of $H^n(A,G)$ into $H^n(A,S)$ by γ, then the Theorem of Eckmann asserts

$$\gamma\eta = [G:S]$$

where the integer indicates the endomorphism of $H^n(A,S)$ obtained by multiplying every element in $H^n(A,S)$ by the integer [G:S].

If in particular multiplication of elements in A by [G:S] effects an automorphism of A - this is the case whenever A is finite and o(A) and [G:S] are relatively prime - then $\gamma\eta$ is an automorphism of $H^n(A,S)$. If $\gamma\eta$ is an automorphism, then γ is a monomorphism [and η an epimorphism] of $H^n(A,S)$ into $H^n(A,S)$ [of $H^n(A,S)$ upon $H^n(A,G)$]. But the assertion that γ is a monomorphism amounts to saying:

if the restriction of the n-dimensional cocycle f of G over A to S is a coboundary [i.e. splits or belongs to the principal genus in case of dimensions 2 and 1 respectively], then f itself is a coboundary [i.e. splits or belongs to the principal genus in case of dimension 2 and 1 respectively]. Thus the special case $n = 2$ gives us the Theorem of Gaschütz [Proposition 6.10] and the special case $n = 1$ gives a result of Higman's, p.551, Theorem 4.

For the proofs the reader is referred to Eckmann's original paper.

LITERATURE

REINHOLD BAER

The cohomology of a pair of groups
Proc.Internat.Congress of Math.(1950), Vol.II, p.15-20

BENNO ECKMANN

Cohomology of groups an transfer
Annals of Math.58(1953), 481-493

SAMUEL EILENBERG

Topological methods in abstract algebra. Cohomology theory of groups.
Bull.Amer.Math.Soc.55(1949), 3-37

DONALD GRAHAM HIGMAN

Remarks on splitting extensions
Pacific Journal of Mathematics 4 (1954), 545-555

H.CARTAN & S.EILENBERG

Homological Algebra
Princeton 1956

BIBLIOGRAPHY

H.CARTAN - S.EILENBERG

Homological algebra
Princeton 1956

MARSHALL HALL, Jr.

The theory of groups

A.KUROSH

Gruppentheorie 1. Aufl.

The theory of groups 2nd edition

G.SCORZA

Gruppi astratti - 1943

W.SPECHT

Gruppentheorie

H.ZASSENHAUS

Gruppentheorie

Apart from these texts detailed references may be found at the ends of the various sections.

R.BAER

Erweiterungen von Gruppen und ihren Isomorphismen
Math.Zeitschr.38 (1934), 375-416

The cohomology of a pair of groups
Proc.Intern.Congr.of Math. (1950) vol.II, 15-20

Classes of finite groups and their properties
Illinois Journ.of Math.1 (1957), 115-187

Sylowturmgruppen
Math.Zeitschr.69 (1958), 239-246

Closure and dispersion of finite groups
Illinois Journ.of Math.2 (1958), 619-640

Kriterien für die Abgeschlossenheit endlicher Gruppen
Math.Zeitschr.71 (1959), 325-334

Direkte Produkte von Gruppen teilerfremder Ordnung

S.EILENBERG

Topological methods in abstract algebra: Cohomology theory of groups
Bull.AMS 55 (1949), 3-37

B.ECKMANN

Cohomology of groups and transfer
Annals of Math.58 (1953), 481-493

W.FEIT

On a conjecture of Frobenius
Proc.AMS 7 (1956), 177-187

G.FROBENIUS

Über auflösbare Gruppen IV, V
Sitzungsber.Preuss.Akademie der Wiss.1216-1230, 1324-1329 (1901)

W.GASCHÜTZ

Zur Erweiterungstheorie der endlichen Gruppen
Journ.f.r.u.angew.Math.130 (1952), 93-107

PH.HALL

A note on soluble groups
Journ.London Math.Soc.3(1928), 98-185

A characteristic property of soluble groups
Journ.London Math.Soc.12(1937), 198-200

PH.HALL

On the Sylow system of soluble groups
Proc.London Math.Soc.43 (1937), 316-323

On the system normalizers of a soluble group
Proc.London Math.Soc.43 (1937), 507-528

D.G.HIGMAN

Focal series in finite groups
Canadian Journ.of Math.5 (1953), 477-497

Remarks on splitting extensions
Pacific Journal of Math.4 (1954), 545-555

A.M.TURING

The extensions of a group
Comp.Math.5 (1938), 357-367

H.WIELANDT

Über die Existenx von Normalteilern in endlichen Gruppen
Math.Nachr.18 (1958), 274-280

R. Baer

LIST OF NOTATIONS

o(G) = order of G; o(g) = order of group element g in G;

σ(G) = characteristic of G = set of prime divisors of o(G);

[G:U] = index of subgroup U in G;

a o b = $a^{-1}b^{-1}ab$ = commutator of the group elements a and b;

$b^a = a^{-1}ba$ = a(a o b);

A o B = subgroup of G, generated by all the commutators a o b for x in X and X = A,B;

G' = G o G = commutator subgroup of G;

$G^{(o)} = G$, $G^{(i+1)} = [G^{(i)}]'$;

$\mathfrak{z}G$ = center of G;

$\mathfrak{z}_o G = 1$, $\mathfrak{z}_{i+1}G/\mathfrak{z}_i G = \mathfrak{z}[G/\mathfrak{z}_i G]$;

hypercenter = terminal member of the ascending central chain $\mathfrak{z}_i$;

$\mathcal{L}X$ = centralizer of subset X of group G [in G];

$\mathfrak{N}X$ = normalizer of subgroup X of group G [in G];

epimorphism of G upon H = homomorphism of G upon the whole group H;

monomorphism of G into H = isomorphism of G into H;

factor of a group = epimorphic image of some subgroup;

S is a complement of normal subgroup K of G in G, if G = KS, 1 = K $\cap$ S and hence S $\simeq$ G/K;

S is a supplement of the normal subgroup K of G in G, if G = KS;

G splits over its normal subgroup K, if there exists a complement of K in G;

π', for π a set of primes, is the set of all primes, not in π;

Hall subgroup = subgroup S of group G with o(S) and [G:S] relatively prime.

All groups considered are *finite*.

CENTRO INTERNAZIONALE MATEMATICO ESTIVO
(C.I.M.E.)

M. L A Z A R D

GROUPES, ANNEAUX DE LIE ET PROBLEME DE BURNSIDE

ROMA :- Istituto Matematico dell'Università :- 1960

GROUPES, ANNEAUX DE LIE ET PROBLEME
DE BURNSIDE

par M. LAZARD

Ces notes reproduisent, avec quelques modifications, des exposés faits à VALLOMBROSA en septembre 1959.

Le centre d'intérêt est le problème de Burnside pour les groupes d'exposant p (premier). Je me suis surtout attaché à étudier la réduction de l'hypothèse faible de Burnside au problème analogue concernant les anneaux de Lie. Les p-algèbres de Lie attachées à certaines suites de sous-groupes sont étudiées directement à partir des identités de Jacobson. La (p-1)-ième condition d'Engel apparaît alors naturelle dans les anneaux de Lie associés aux groupes d'exposant p .

Le § 6 introduit la formule exponentielle de Hausdorff et expose partiellement les résultats connus sur les groupes libres réduits d'exposant p .

Le § 7 traite de la réduction modulo p de la formule de Hausdorff.

Dans l'appendice, j'ai donné un exposé du "collecting process" analogue à la présentation de K. Gruenberg [2] et P.Hall. L'avantage des théorèmes d'élimination est de montrer quels générateurs des groupes libres on néglige quand on introduit les commutateurs basiques usuels.

Les nombres entre crochets renvoient à la bibliographie.

I. ALGEBRE DE LIE ASSOCIEE A UNE N-SUITE

1. Dans un groupe G noté multiplicativement, nous écrirons (x,y) le commutateur de deux éléments :

(1.1) $$(x,y) = x^{-1}y^{-1}xy \quad ,$$

et nous écrirons x^y le transformé de x par l'automorphisme intérieur associé à y :

(1.2) $$x^y = y^{-1}xy \quad .$$

Nous avons immédiatement :

(1.3) $$x^y = x(x,y) \; ; \quad xy = yx^y = yx(x,y) \quad .$$

Les propriétés des automorphismes intérieurs donnent les identités suivantes :

$$(xy)^z = x^z y^z = x(x,z)y(y,z) = xy(x,z)^y(y,z)$$

$$= xy(xy,z)$$

$$x^{yz} = (x^y)^z = (x(x,y))^z = x^z(x,y)^z = x(x,z)(x,y)^z$$

$$= x(x,yz)$$

D'où :

(1.4) $$\begin{cases} (xy,z) = (x,z)^y(y,z) \\ (x,yz) = (x,z)(x,y)^z \end{cases}$$

Si X et Y sont deux sous-groupes, nous noterons (X,Y) le sous-groupe engendré par tous les commutateurs (x,y), où $x \in X$, $y \in Y$.

Nous définirons inductivement les commutateurs complexes (ou itérés) formés avec des éléments $x_1, \dots, x_r$ d'un même groupe: chaque x_i sera considéré comme un commutateur de *poids* 1 en x_i, et de poids 0 en x_j $(j \neq i)$. Si u et v sont des commutateurs déjà formés, de poids respectifs α_i et β_i en x_i, alors (u, v) sera un commutateur en $x_1, \dots, x_r$, de poids $\alpha_i + \beta_i$ en x_i, et de poids total $\Sigma_i(\alpha_i + \beta_i)$.

A partir des identités (1.4) on peut démontrer, par une double récurrence, le résultat suivant : si un groupe est donné avec une famille de générateurs (x_i), alors tout commutateur de poids n en certains éléments du groupe peut s'écrire comme un produit de commutateurs de poids $\geq$ n en les x_i et leurs inverses x_i^{-1}.

2. Considérons l'expression $((y,x), z^y)$. En développant et simplifiant, nous voyons qu'elle est égale à $x^{-1}y^{-1}xz^{-1}x^{-1}yxy^{-1}zy$. Posons $u = x^{-1}y^{-1}xz^{-1}x^{-1}$. Notre expression peut s'écrire uv^{-1}, où v se déduit de u en y permutant cycliquement x, y et z. Nous en déduisons sans autre calcul l'identité de Philip Hall :

(2.1) $$((y,x),z^y)((z,y),x^z)((x,z),y^x) = 1 \quad .$$

Nous en déduisons le résultat suivant :

(2.2) *Si* X, Y, Z *sont trois sous-groupes distingués de* G, *alors on a l'inclusion :*

(2.2) $$((X,Y),Z) \subset ((X,Z),Y)((Z,Y),X) \quad .$$

Définissons, dans un groupe G, la *suite centrale descendante* formée des sous-groupes G_i définis par les relations:

(2.3) $$G_1 = G \quad , \qquad G_{i+1} = (G_i, G) \ .$$

Les G_i sont des sous-groupes complètement invariants de G , et l'identité (2.2) montre, par récurrence sur j , la relation :

(2.4) $$(G_i, G_j) \subset G_{i+j} .$$

3. Rappelons qu'une algèbre de Lie sur un anneau Ω est un Ω-module muni d'une multiplication bilinéaire, notée $[x,y]$, vérifiant les identités

(3.1) $$[x,x] = 0$$

(3.2) $$\big[[x,y],z\big] + \big[[y,z],x\big] + \big[[z,x],y\big] = 0 \qquad \text{(Jacobi).}$$

(1.4) et (2.1) font apparaître une certaine analogie entre groupes et anneaux de Lie : la multiplication dans le groupe correspond à l'addition dans l'anneau de Lie, les commutateurs dans le groupe correspondent aux crochets dans l'algèbre de Lie.

Cette analogie peut être exploitée pour ramener certains problèmes de théorie des groupes à des problèmes plus simples concernant les algèbres de Lie. L'exemple le plus important d'une telle réduction concerne le problème de Burnside dans le cas d'un exposant premier. Le cas de l'exposant 3 est très élémentaire (cf. [8], p.8).

(3.3) DEFINITION. *Nous appellerons* N-*suite dans un groupe* G *une suite décroissante de sous-groupes :*

$$H_1 = G \supset H_2 \supset \cdots \supset H_i \supset H_{i+1} \supset \cdots$$

vérifiant les relations

$$(H_i, H_j) \subset H_{i+j} \qquad \text{pour tous } i, j .$$

Les relations $(G, H_i) \subset H_{i+1}$, cas particulier des précédentes, signifient que H_i/H_{i+1} est contenu dans le centre de G/H_{i+1} (les H_i sont tous distingués dans G).

La suite centrale descendante, (G_i), de G est une N-suite. Pour toute N-suite (H_i), on a $G_i \subset H_i$ pour tout i (démonstration immédiate par récurrence sur i).

(3.4) Un groupe G est dit nilpotent de classe c si $G_c \neq 1$, $G_{c+1} = 1$. C'est un N-groupe si $G_\infty = \bigcap_i G_i = (1)$.

Dans le cas général, G/G_∞ est le plus grand quotient de G qui soit un N-groupe. Tous les renseignements que nous apportera l'étude des quotients successifs H_i/H_{i+1} d'une N-suite (H_i) de G ne concerneront que le groupe G/G_∞, et le groupe G_∞ restera inaccessible par cette méthode. En particulier, si $G = (G,G) = G_2$, nous n'apprendrons rien du tout sur G .

4. THEOREME (4.1). *Soit* (H_i) *une* N-*suite dans un groupe* G . *Posons* $\mathcal{L}(H_i)$ *égal à la somme directe des quotients* H_i/H_{i+1} $(i = 1,2,\ldots)$ *et convenons de noter additivement les groupes quotients* H_i/H_{i+1} . *Les éléments de* H_i/H_{i+1} *, considéré comme sous-groupe de* $\mathcal{L}(H_i)$*, seront dits homogènes de degré* i . *Soient, pour un couple d'entiers* i, j , $x_i \in H_i$ *et* $x_j \in H_j$. *Alors* (x_i, x_j) *appartient à* H_{i+j} ; *sa classe modulo* H_{i+j+1} *ne dépend que des classes de* x_i *mod* H_{i+1} *et de* x_j *mod* H_{j+1} . *Si l'on note respectivement* $\tilde{x}_i$ *et* $\tilde{x}_j$ *ces deux classes, et* $[\tilde{x}_i, \tilde{x}_j]$ *la classe de* (x_i, x_j) *mod* H_{i+j+1} *, alors* $[\tilde{x}_i, \tilde{x}_j]$ *définit une application bilinéaire de* $H_i/H_{i+1} \times H_j/H_{j+1}$ *dans* H_{i+j}/H_{i+j+1} . *Si l'on étend par linéarité cette application à* $\mathcal{L}(H_i)$ *, ce groupe se trouve muni d'une structure d'anneau de Lie gradué, c'est-à-dire que le degré du crochet de deux éléments homogènes est égal à la somme de leurs degrés.*

La démonstration est aisée à partir de (1.4), puis de (2.1) qui ne sert qu'à établir l'identité de Jacobi.

(4.2). L'anneau de Lie $\mathcal{L}(H_i)$ construit à partir d'une N-suite (H_i) par le procédé du th.(4.1) sera dit l'anneau de Lie gradué associé à (H_i) .

Prenons en particulier pour (H_i) la suite centrale descendante (G_i). Alors la relation $G_{i+1} = (G_i, G)$ entraîne $G_{i+1}/G_{i+2} = [G_i/G_{i+1} , G_1/G_2]$, ce qui démontre, par récurrence sur i , le résultat suivant :

(4.3) L'anneau de Lie gradué associé à la suite centrale descendante d'un groupe G est engendré par ses éléments homogènes de degré 1.

Supposons réciproquement que $\mathcal{L}(H_i)$ soit engendré, en tant qu'anneau de Lie, par H_1/H_2. Cela signifie que chaque élément de H_i/H_{i+1} est égal à une somme de monômes de Lie de degré i en des éléments de H_1/H_2 ou encore que chaque élément de H_i est égal, modulo H_{i+1} , à un produit de commutateurs de poids i en des éléments de G . En d'autres termes : $H_i = H_{i+1} G_i$. Si cette relation vaut pour tout i , alors $H_i = H_j G_i$ pour tout $j > i$ (récurrence sur j).

D'autre part, H_1/H_2 est évidemment engendré par les classes mod H_2 d'une famille de générateurs de $G = H_1$. Résumons :

THEOREME (4.4). *Pour que l'anneau* $\mathcal{L}(H_i)$ *associé à une* N-*suite* (H_i) *soit engendré par les classes mod* H_2 *d'une famille de générateurs de* G , *il faut et il suffit que* $H_i = G_i H_j$ *pour tous* $i < j$. *En particulier, s'il existe* j *tel que* $H_j = (1)$, (H_i) *doit coïncider avec la suite centrale descendante.*

(5.1). *Soient* G *et* G' *deux groupes,* (H_i) *et* (H'_i) *deux* N-*suites dans* G *et* G' *respectivement,* $f : G \to G'$ *un homomorphisme tel que* $f(H_i) \subset H'_i$ *pour tout* i . *Définissons* $\tilde{f}_i : H_i/H_{i+1} \to H'_i/H'_{i+1}$ *par restriction et passage au quotient et* $\tilde{f} : \mathcal{L}(H_i) \to \mathcal{L}(H'_i)$ *par linéarité. Alors* $\tilde{f}$ *est un homomorphisme d'anneaux de Lie.*

(5.2). *Pour que l'homomorphisme* $\tilde{f}$ *de* (5.1) *soit injectif, il faut et il suffit que* $H_i = f^{-1}(H'_i)$ *pour tout* i .

La condition est suffisante, car si $x \in H_i - H_{i+1}$, $f(x) \in H'_i - H'_{i+1}$. Elle est nécessaire : sinon soit $x \notin H_i$, $f(x) \in H'_i$, alors $x \in H_j - H_{j+1}$, avec $j < i$, et $\tilde{f}_j : H_j/H_{j+1} \to H'_j/H'_{j+1}$ a un noyau non nul.

Considérons un groupe G muni d'une N-suite (H_i), et un sous-groupe G' de G . Posons $H'_i = H_i \cap G'$. Alors (H'_i) est une N-suite dans G'; à l'injection canonique de G' dans G correspond une injection de $\mathcal{L}(H'_i)$ dans $\mathcal{L}(H_i)$. Ainsi, à tout sous-groupe de G correspond un sous-anneau de $\mathcal{L}(H_i)$: nous l'appellerons le sous-anneau associé au sous-groupe. On vérifie immédiatement qu'à un sous-groupe distingué correspond un idéal de l'anneau de Lie.

(5.3). *Soient* $f : G \to G'$ *un homomorphisme de* G *sur* G', *de noyau* G" , *et* (H_i) *une N-suite dans* G . *Posons* $H'_i = f(H_i)$. *Alors* (H'_i) *est une N-suite dans* G' ; $\tilde{f} : \mathcal{L}(H_i) \to \mathcal{L}(H'_i)$ *est un homomorphisme sur* $\mathcal{L}(H'_i)$, *et son noyau est l'idéal associé à* G"

En effet, puisque $f(H_i) = H'_i$, $\tilde{f}(H_i/H_{i+1}) = H'_i/H'_{i+1}$. Soit $x_i \in H_i$ tel que $x_i H_{i+1}$ appartienne au noyau de $\tilde{f}$: cela signifie que $f(x_i) \in H'_{i+1}$, ou encore qu'il existe $x_{i+1} \in H_{i+1}$ tel que $f(x_i) = f(x_{i+1})$. On a donc $x_i = x_{i+1}\, y$, avec $y \in G'' \cap H_i$. Donc $x_i H_{i+1} = y H_{i+1}$ appartient à l'idéal associé à G".

II. GROUPES NILPOTENTS D'AUTOMORPHISMES; N-SUITES ASSOCIEES AUX FILTRATIONS D'UNE ALGEBRE DE GROUPE.

(1.1) Si α désigne un automorphisme d'un groupe G nous noterons $\underline{\alpha}$ l'application de G dans G définie par $\underline{\alpha}(x) = x^{-1}\,\alpha(x)$.

(1.2) Si, de plus, $H \supset K$ sont deux sous-groupes de G , nous dirons que α laisse invariant H/K si, pour tout $x \in H$, $\underline{\alpha}(x) \in K$.

Dans ces conditions, soient $x, y \in H$. Alors $\alpha(xy) = \alpha(x)\alpha(y)$, $xy\underline{\alpha}(xy) = x\underline{\alpha}(x)y\underline{\alpha}(y)$, d'où

(1.3) $$\underline{\alpha}(xy) = \underline{\alpha}(x)^y\underline{\alpha}(y)$$

Soit K_1 le sous-groupe de K engendré par les $\underline{\alpha}(x)$, pour $x \in H$.

Alors, d'après (1.3) que nous écrivons sous la forme :

$$\underline{\alpha}(xy)\ \underline{\alpha}(y)^{-1} = \underline{\alpha}(x)^y ,$$

K_1 est un sous-groupe distingué de H , et α laisse invariant les éléments du groupe quotient H/K_1.

2. Soient α et β deux automorphismes d'un groupe G , $\alpha\beta$ leur produit (quand ils opèrent à gauche). Calculons $\underline{\alpha\beta}$. Nous avons :

$$\alpha\beta(x) = \alpha(\beta(x)) = \alpha(x\underline{\beta}(x)) = \alpha(x)\alpha(\underline{\beta}(x))$$

$$= x\underline{\alpha}(x)\underline{\beta}(x)\underline{\alpha}\underline{\beta}(x)$$

(2.1) $$\underline{\alpha\beta}(x) = \underline{\alpha}(x)\underline{\beta}(x)\underline{\alpha}\underline{\beta}(x)$$

D'autre part $\alpha\beta(x) = (\alpha\beta(x^{-1}))^{-1}$

$$= (x^{-1}\underline{\alpha}(x^{-1})\underline{\beta}(x^{-1})\underline{\alpha\beta}(x^{-1}))^{-1}$$

(2.2) $$\alpha\beta = (\underline{\alpha\beta}(x^{-1}))^{-1}\,(\underline{\beta}(x^{-1}))^{-1}(\underline{\alpha}(x^{-1}))^{-1}x$$

La relation (1.3), où nous posons $y = x^{-1}$ donne, compte tenu de $\underline{\alpha}(1) = 1$

(2.3) $$(\underline{\alpha}(x^{-1}))^{-1} = x\underline{\alpha}(x)x^{-1}$$

et (2.2) devient :

(2.4) $$\alpha\beta(x) = (\underline{\alpha\beta}(x^{-1}))^{-1}x\underline{\beta}(x)\underline{\alpha}(x)$$

Si nous utilisons la relation $\beta\alpha(x) = x\underline{\beta}(x)\underline{\alpha}(x)\underline{\beta\alpha}(x)$, (2.4) conduit à :

(2.5) $$\alpha\beta(x) = (\underline{\alpha\beta}(x^{-1}))^{-1}\beta\alpha(x)(\underline{\beta\alpha}(x))^{-1}$$

Appliquons enfin à (2.5) l'automorphisme $\alpha^{-1}\beta^{-1}$:

(2.6) $$\alpha^{-1}\beta^{-1}\alpha\beta(x) = (\alpha^{-1}\beta^{-1}\underline{\alpha\beta}(x^{-1}))^{-1}\ x\ (\alpha^{-1}\beta^{-1}\underline{\beta\alpha}(x))^{-1}$$

d'où l'identité :

(2.7) $$\underline{(\alpha,\beta)}\ (x) = (\ \alpha^{-1}\beta^{-1}\underline{\alpha\beta}(x^{-1}))^{-x}\ (\alpha^{-1}\beta^{-1}\underline{\beta\alpha}(x))^{-1}$$

3. Soit G un groupe et

$$H_o = G \supset H_1 \supset H_2 \supset \dots \supset H_i \supset H_{i+1} \supset \dots$$

une suite décroissante de sous-groupes. Alors les automorphismes α de G qui laissent invariants tous les H_i/H_{i+1} forment un groupe A, appelé ***groupe de stabilité*** de la suite (H_i).

En effet, $\alpha \in A \iff \forall_i\ ,\ \forall x \in H_i\ ,\ \underline{\alpha}(x) \in H_{i+1}$

D'après (2.1), $\alpha, \beta \in A \Longrightarrow \alpha\beta \in A$. De plus

(3.1) $x = \alpha(\alpha^{-1}(x)) = \alpha(x\,\underline{\alpha}^{-1}(x)) = x\,\underline{\alpha}(x)\alpha(\underline{\alpha}^{-1}(x))$,

(3.2) $\alpha^{-1}(x) = \alpha^{-1}((\alpha(x))^{-1})$,

donc $\alpha \in A \Longrightarrow \alpha^{-1} \in A$.

(3.3) D'après (1.3), chaque $\alpha \in A$ laisse invariants tous les groupes quotients K_i/K_{i+1} d'une suite de sous-groupes $K_o = G \supset K_1 \supset \ldots$, avec $K_i \subset H_i$ pour tout i , chaque K_i étant distingué dans K_{i-1}.

En effet, supposons déjà définie la suite de sous-groupes, $H_{o,n} = G \supset H_{1,n} \supset \ldots \supset H_{i,n} \supset \ldots$ où chaque $H_{i,n}$ est distingué dans $H_{i-1,n}$ pour $o \leq i \leq n$, et vérifie $H_{i,n} \subset H_i$ (nous posons $H_{i,o} = H_i$). Nous posons alors $H_{i,n+1} = H_{i,n}$ pour $i \leq n$, $H_{n+1,n+1} = \bigcap_{x \in H_{n,n}} x^{-1}H_{n+1,n}x$,

et $H_{i,n+1} = H_{i,n} \cap H_{n+1,n+1}$ pour $i > n+1$.

Enfin nous posons $K_i = H_{i,i}$, et la suite (K_i) possède toutes les propriétés voulues.

4. THEOREME (4.1). *Soit* $H_o = G \supset H_1 \supset \ldots \supset H_i \supset \ldots$ *une suite de sous-groupes, tous distingués dans* G , *et* A *leur groupe de stabilité. Désignons par* B_i *l'ensemble des* $\alpha \in A$ *tels que, pour tous* $j \geq o$ *et* $x \in H_j$, $\underline{\alpha}(x) \in H_{j+i}$. *Alors les* B_i *sont des sous-groupes de* A *et* $A = B_1 \supset B_2 \supset \ldots \supset B_i \supset \ldots$ *est une* N-*suite dans* A .

Les $\alpha \in B_i$ sont les automorphismes de G qui laissent invariants tous les éléments des H_j/H_{j+i} . La relation $(B_i, B_j) \subset B_{i+j}$ est une conséquence immédiate de (2.7).

(4.2) COROLLAIRE. *Si* $\bigcap_i H_i = 1$, A *est un* N-*groupe. Si* $H_m = 1$, A *est nilpotent de classe* $\leq m-1$.

En effet, un élément a de $\bigcap_i B_i$ laisse invariant $G/\bigcap_i H_i$. Si $H_m = e$, $B_m = 1$ et A possède une N-suite de longueur m-1.

Si les H_i ne sont pas tous distingués dans G , le corollaire n'est plus valable. Cependant nous pouvons démontrer très simplement, à partir de (2.7), le théorème suivant, dû à Philip Hall [3].

(4.3) THEOREME. *Soient* $G = H_o \supset H_1 \supset \dots \supset H_m = (1)$ *une suite de sous-groupes de longueur* m *dans un groupe* G , *et* A *son groupe de stabilité. Alors* A *est nilpotent de classe* $\leq \frac{1}{2} m\,(m-1)$.

Désignons maintenant par B_i le sous-groupe de A qui induit l'identité sur H_1 et qui laisse invariant H_o/H_i $(i \geq 1)$. Démontrons que $(B_i, A) \in B_{i+1}$. Il nous suffira d'établir que, pour $\alpha \in B_i$, $\beta \in A$, $(\alpha,\beta) \in B_{i+1}$. Or (α,β) induit l'identité sur H_1 ; si $x \in G = H_o$, $\beta(x^{-1}) \in H_1$, $\underline{\alpha\beta}(x^{-1}) = 1$; $\underline{\alpha}(x) \in H_i$, $\underline{\beta\alpha}(x) \in H_{i+1}$, et, d'après (2.7); $\underline{(\alpha,\beta)}$ (x) se réduit à $(\beta^{-1}\underline{\beta\alpha}(x))^{-1} \in H_{i+1}$.

Supposons le théorème démontré pour m remplacé par m-1 , et considérons la restriction de A à H_1 : nous obtenons, en désignant par A_j le j-ième sous-groupe de la suite centrale descendante de A , $A_{\frac{1}{2}(m-1)(m-2)+1} \subset B_1$,d'où, par récurrence sur i :

$$A_{\frac{1}{2}(m-1)(m-2)+i} \subset B_i \quad ,$$

et, comme $B_m = (1)$, $A_{\frac{1}{2}m(m-1)+1} = (1)$, ce qui constitue l'énoncé du théorème (évident pour m = 1).

5. Revenons au cas où tous les sous-groupes de la suite

$$H_o = G \supset H_1 \supset \dots \supset H_i \supset \dots$$

sont distingués dans G , et soient $A = A_1$ le groupe de stabilité des (H_i), A_j le sous-groupe des $\alpha \in A$ tels que $\underline{\alpha}(H_i) \subset H_{i+j}$ pour tout i .

Alors on peut considérer la somme directe $\sum_{i \geq 0} H_i/H_{i+1}$ et associer à tout élément de A_j/A_{j+1} une application de cette somme directe dans elle-même, homogène de degré j , qu'on peut interpréter comme un homomorphisme croisé. Nous nous contenterons d'étudier le cas où (H_i) est une suite centrale, c'est-à-dire où :

(5.1) $(G, H_i) \subset H_{i+1}$, pour tout $i \geq 0$.

(5.2) THEOREME. *Soient* $H_o = G \supset H_1 \supset \dots$ *une suite centrale dans un groupe* G , *et* A_i ($i \geq 1$) *le groupe des automorphismes de* G *qui vérifient* $\underline{\alpha}(H_j) \subset H_{j+1}$ *pour tout* $j \geq 0$. *Soient* $\alpha \in A_i$ *et* $x \in H_j$. *Alors la classe de* $\underline{\alpha}(x)$ *mod* H_{i+j+1} *ne dépend que de la classe* $\tilde{\alpha}$ *de* α *mod* A_{i+1} *et de la classe* $\tilde{x}$ *de* x *mod* H_{j+1} . *Notons la* $\tilde{\alpha}(\tilde{x})$ *et notons additivement tous les groupes abéliens* A_i/A_{i+1} *et* H_j/H_{j+1} . *Alors, si* $\tilde{\alpha} \in A_i/A_{i+1}$ *et* $\tilde{x} \in H_j/H_{j+1}$, $\tilde{\alpha}(\tilde{x}) \in H_{i+j}/H_{i+j+1}$ *est additif en* α *et en* x . *Etendons, par bilinéarité,* $\tilde{\alpha}(\tilde{x})$ *aux éléments* $\tilde{\alpha} \in \sum_{i \geq 1} A_i/A_{i+1} = \mathcal{L}(A_i)$ *et* $\tilde{x} \in \sum_j H_j/H_{j+1}$; *alors la représentation qui fait correspondre à* α *l'endomorphisme* $\tilde{x} \longrightarrow \tilde{\alpha}(\tilde{x})$ *est fidèle, et l'on a, pour la structure d'anneau de Lie de* $\mathcal{L}(A_i)$ *définie au théorème* (I.4.1)

$$[\tilde{\alpha}, \tilde{\beta}] \, (\tilde{x}) = \tilde{\alpha}\tilde{\beta}(\tilde{x}) - \tilde{\beta}\tilde{\alpha}(\tilde{x}) .$$

La démonstration de ce théorème se fait sans aucune difficulté à partir des relations (1.3), (2.1) et (2.7).

6. Nous allons encore particulariser le théorème (5.2).

(6.1) Appellons *filtration* d'un anneau A avec unité une suite décroissante d'idéaux $A_o = A \supset A_1 \supset \ldots \supset A_i \ldots$, vérifiant $A_i A_j \subset A_{i+j}$ pour tous i, j. La *fonction d'ordre* v associé à cette filtration est une application de A dans les entiers $\geq o$, ou le signe ∞, vérifiant

(6.2) $\quad v(x) \geq i \iff x \in A_i \quad$ pour tout $x \in A$ et tout i.

Considérons le groupe multiplicatif G des éléments inversibles de A. Chaque $g \in G$ définit un automorphisme de groupe additif de A, par multiplication à gauche. Avec les notations précédents, $\underline{g}(x) = (g-1)x$ pour $g \in G$ et $x \in A$, et la relation $(g-1)A_j \subset A_{i+j}$ pour tout j se réduit à $g-1 \in A_j$. Enfin $\Sigma A_j/A_{j+1}$ est muni non seulement d'une structure de groupe abélien gradué, mais aussi d'une structure *d'anneau gradué*. Nous le noterons $\mathfrak{g}(A) = \Sigma_{j \geq o} A_j/A_{j+1}$. Nous pouvons maintenant traduire dans ce cas particulier le théorème (5.2), en supposant qu'on a un homomorphisme d'un groupe dans G.

(6.3) THEOREME. *Soient* G *un groupe,* A *un anneau filtré,* v *sa fonction d'ordre,* $\mathfrak{f}$ *un homomorphisme de* G *dans le groupe multiplicatif des éléments inversibles de* A, *vérifiant* $v(\mathfrak{f}(x)-1) \geq 1$ *pour tout* $x \in G$. *Posons* $x \in H_i \iff v(\mathfrak{f}(x)-1) \geq i$. *Alors* (H_i) *est une* N*-suite dans* G. *Associons à* $x \in H_i$ *l'élément* $(\mathfrak{f}(x)-1) \in A_i$ *Nous obtenons alors par passage au quotient un homomorphisme biunivoque* $\mathfrak{f}_i^*$ *de* H_i/H_{i+1} *dans* A_i/A_{i+1}. *Prolongeons par linéarité les* $\mathfrak{f}_i^*$ *en un homomorphisme de* $\mathcal{L}(H_i)$ *dans* $\mathfrak{g}(A)$: *nous obtenons une représentation fidèle, respectant les degrés, de* $\mathcal{L}(H_i)$ *dans l'anneau de Lie porté par* $\mathfrak{g}(A)$; *c'est-à-dire où le crochet* $[a,b]$ *est égal à* $ab - ba$.

Nous pouvons remarquer que les N-suites qu'on obtient dans un groupe G par le procédé du théorème (6.3) s'obtiennent en filtrant l'algèbre de groupe $\mathbb{Z}[G]$ à coefficients entiers rationnels. En effet, l'homomorphisme $f = G \longrightarrow A$ se prolonge en un homomorphisme d'anneaux encore noté $f : \mathbb{Z}[G] \longrightarrow A$, et on définit la filtration de $\mathbb{Z}[G]$ au moyen de sa fonction d'ordre w par

$$w(x) = v(f(x)) \quad , \quad \text{pour} \quad x \in \mathbb{Z}[G]$$

On ne peut pas obtenir n'importe quelle N-suite de G à partir d'une filtration de son algèbre de groupe. Signalons cependant, sans démonstration, le résultat suivant.

(6.4) THEOREME. *Soit* G *un groupe,* (H_i) *une* N-*suite dans* G *dont les quotients* H_i/H_{i+1} *sont des groupes abéliens sans torsion. Alors on peut filtrer l'anneau* $A = \mathbb{Z}[G]$ *de telle sorte que* (H_i) *s'obtienne à partir de la filtration de* A *, et que* $\mathfrak{g}(A)$ *s'identifie à l'algèbre enveloppante (sur les entiers) de* $\mathcal{L}(H_i)$.

Un résultat analogue est valable pour les N-suites restreints (cf. § IV, et [8] , p.31-34).

M.Lazard

III. REPRESENTATIONS DES GROUPES LIBRES DANS LES ALGEBRES DE MAGNUS

1. Soient Ω un anneau commutatif non réduit à 0 , avec unité, et (x_i) une famille d'éléments. Nous pouvons construire l'*algèbre associative libre* engendrée sur Ω par les (x_i) . Une base de cette algèbre sur Ω est constituée par les monômes $x_{i(1)}\ x_{i(2)}\dots x_{i(r)}$; les monômes correspondant à des suites $i(1),\dots,\ i(r)$ distinctes sont considérés comme distincts; r est dit le *degré* du monôme (convenons que pour r = 0 on obtient l'unité). On peut passer par complétion de cette algèbre à une algèbre de séries formelles non commutatives, de même qu'on passe d'une algèbre de polynômes commutatifs à une algèbre de séries formelles : il suffit d'introduire les sommes infinies de monômes dont le degré total tend vers l'infini.

(1.1) DEFINITION. *Nous appellerons algèbre de Magnus engendrée par les* (x_i) *sur* Ω *l'algèbre* A *des séries formelles non commutatives.* A *est munie d'une filtration naturelle* $A = A_0 \supset A_1 \supset \dots \supset A_i \supset \dots$, *où* A_i *est constitué par les séries formelles dont les composantes homogènes de degré* $<$ i *sont nulles.*

Si v désigne la fonction d'ordre associée à la filtration, toute série $\sum_{n=1}^{\infty} u_n$ où $v(u_n) \longrightarrow \infty$ converge vers un élément $s \in A$, au sens de la topologie des séries formelles; c'est-à-dire qu'à partir d'une certaine valeur de N , une composante homogène de degré total donné de $\sum_{n=1}^{N} u_n$ reste égale à la composante de même degré de s .

(1.2) *Soient* A *une algèbre de Magnus,* $u \in A$, $v(u-1) \geq 1$. *Alors* u *est inversible dans* A , *et*

$$u^{-1} = 1+(1-u)+(1-u)^2+\dots+(1-u)^n+\dots$$

Il suffit de remarquer que $uu^{-1}-1$ et $u^{-1}u-1$ appartiennent à A_n quel que soit n, u^{-1} étant défini par la formule précédente, qui a un sens parce que $v((1-u)^n) \geq nv(1-u) \geq n$.

C'est pour obtenir suffisamment d'éléments inversibles qu'on complète une algèbre de polynômes non associatifs en une algèbre de Magnus.

(1.3) THEOREME. *Dans une algèbre de Magnus A engendrée par les* (x_i) *sur* Ω, *le groupe multiplicatif engendré par les* $X_i = 1 + x_i$ *est libre par rapport aux* (X_i).

Les X_i sont bien inversibles dans A, puisque $X_i^{-1} = (1+x_i)^{-1} = 1-x_i+x_i^2 - \ldots$ Soit $Y = X_{i(1)}^{\alpha(1)} X_{i(2)}^{\alpha(2)} \ldots X_{i(r)}^{\alpha(r)}$ un mot réduit non vide en les X_i : cela signifie que $i(j) \neq i(j+1)$ pour $1 \leq j \leq r-1$, $r > 0$ et que les exposants $\alpha(j)$ sont des entiers > 0 ou < 0. Il s'agit de montrer que $Y \neq 1$ dans l'algèbre de Magnus A. Les coefficients de Y par rapport aux monômes en les (x_i) sont des multiples de l'unité dans Ω. Soit p la caractéristique de Ω (plus petit entier > 0 tel que $n.1 = 0$ dans Ω) et p un nombre premier divisant Ω. Le développement de $X_j^{\alpha(j)} = (1+x_j)^{\alpha(j)}$ ne peut pas se réduire à 1 modulo p (considérer d'abord le cas où $\alpha(j) > 0$). Donc il existe $\beta(j)$, avec $0 < \beta(j)$ tel que le coefficient de $x_j^{\beta(j)}$ dans le développement de $(1+x_j)^{\alpha(j)}$ soit un entier $k(j) \not\equiv 0 \bmod p$ (on peut prendre $\beta(j)$ à la plus grande puissance de p qui divise $|\alpha(j)|$). Le monôme $x_{i(1)}^{\beta(1)} x_{i(2)}^{\beta(2)} \ldots x_{i(r)}^{\beta(r)}$ apparait donc dans le développement de Y avec le coefficient $k(1)\, k(2) \ldots k(r)$, non nul car non divisible par p.

Le théorème (1.3), joint à (II. 6.3) permet d'obtenir des N-suites dans un groupe libre. Il suffit évidemment de considérer les cas où Ω est l'anneau $\mathbb{Z}$ des entiers, ou l'anneau $\mathbb{Z}_n$ des entiers mod. n. Dans le premier cas on obtient la suite centrale descendante, comme nous allons le démontrer. Dans le cas où $\Omega = \mathbb{Z}_n$ on obtient les "groupes de dimension mod. n", dont la détermination complète est donnée dans [8]. Remarquons seulement que tout élément $x \neq 0$ d'une algèbre de Magnus vérifie $v(x) < \infty$. Donc un groupe libre possède une N-suite dont l'intersection est réduite à 1 :

(1.4) *Un groupe libre est un N-groupe.*

2. Considérons l'algèbre de Magnus A engendrée sur $\mathbb{Z}$ par les (x_i), et le groupe libre G engendré par les $X_i = 1+x_i$. Conformément à (II.6.3:), nous posons $U \in H_i$ pour $U \in G$ et $v(U-1) \geq i$. (H_i) est une N-suite dans G. L'anneau de Lie graduée associé s'identifie à un sous-anneau de Lie de $\mathfrak{g}'(A)$. Or $\mathfrak{g}(A)$ est un anneau associatif libre par rapport aux classes des x_i mod A_2, classes que nous pouvons identifier aux x_i, en considérant que $\mathfrak{g}(A)$ est contenu dans A.

Nous aurons besoin du théorème de Poincaré-Birkhoff-Witt appliqué à une algèbre de Lie libre. Nous le démontrerons en Appendice.

(2.1) THEOREME. *La sous-algèbre de Lie engendrée par une famille d'éléments* (x_i) *d'une algèbre associative sur* Ω, *libre par rapport aux* (x_i), *est une algèbre de Lie libre par rapport aux* (x_i).

Ce théorème vaut quelque soit Ω. Nous ne l'utiliserons que pour $\Omega = \mathbb{Z}$ ou $\Omega = \mathbb{Z}_p$.

Revenons au groupe G, et notons (G_i) sa suite centrale descendante. Alors $\mathcal{L}(G_i)$ est un anneau de Lie engendré par les classes ξ_i des x_i mod G_2. Pour tout i, $G_i \subset H_i$. Appliquons (5.1) en prenant $G = G^1$, f égal à l'identité. Nous en déduisons qu'il existe un homomorphisme $\tilde{\varphi} : \mathcal{L}(G_i) \longrightarrow \mathcal{L}(H_i)$, l'image de $\mathcal{L}(G_i)$ par φ est le sous-anneaux de Lie engendré par les $\tilde{\varphi}(\xi_i) = x_i$. Nous venons de voir (2.1) que ce sous-anneau est libre par rapport aux x_i ; $\tilde{\varphi}$ est donc injectif. Mais, d'après (5.2), cela implique $H_i = G_i$ pour tout i . Résumons.

(2.2) THEOREME. *L'anneau de Lie gradué associé à la suite centrale descendante d'un groupe libre G par rapport aux générateurs (X_i) est un anneau de Lie libre sur $\mathbb{Z}$, par rapport aux générateurs X_i mod G_2 .*

(2.3) THEOREME. *Soient A l'algèbre de Magnus engendrée par les (x_i) sur $\mathbb{Z}$, G le groupe libre engendré par les $X_i = 1+x_i$. Alors un élément $U \in G$ appartient au i-ème sous-groupe G_i de la suite centrale descendante de G si et seulement si U-1 a toutes ses composantes homogènes de degré < i nulles; dans ce cas, la composante homogène de degré i de V appartient au sous-anneau de Lie de A engendré par les (x_i).*

IV. N-SUITES RESTREINTES DE CARACTERISTIQUE p.

1. Nous désignerons désormais par p un nombre premier fixe. Nous avons montré dans [8] comment les identités de Jacobson, qui conduisent à la notion d'algèbre de Lie restreinte en caractéristique p (ou p-algèbre de Lie), s'obtiennent à partir des groupes de dimension mod p d'un groupe libre. Nous suivrons ici le chemin inverse.

(1.1) Dans une algèbre associative A , considérée comme algèbre de Lie pour le crochet $[x,y] = xy - yx$, nous noterons à droite les opérateurs ad, γ et δ qui envoient tous trois A dans son anneau d'endomorphismes, et qui sont définis par

(1.2) $$x \,.\, \mathrm{ad}y = [x,y],\quad x.\gamma y = yx \ ;\ x.\delta y = xy \ .$$

On a $\mathrm{ad}x = \delta x - \gamma x$; pour tous $y,z \in A$, γy et δz sont permutables (cela exprime l'associativité de A). Donc, pour tout entier $n \geq 1$:

(1.3) $$(\mathrm{ad}y)^n = (\delta y - \gamma y)^n = \sum_{i=o}^{n} (-1)^i \binom{n}{i} (\delta y)^{n-i} (\gamma y)^i ,$$

ou encore

(1.4) $$x(\mathrm{ad}y)^n = \sum_{i=o}^{n} (-1)^i \binom{n}{i} y^i x y^{n-i} \ .$$

2. Supposons maintenant que A soit un anneau de caractéristique p . Alors les coefficients binomiaux $\binom{p}{i}$ et $\binom{p-1}{i}$ possèdent, modulo p, les propriétés suivantes :

(2.1) $$\binom{p}{i} = 0 \quad \text{pour} \quad 0 < i < p \ .$$

(2.2) $$\binom{p-1}{i} = (i!)^{-1} (p-1)(p-2)\ldots(p-i) = (-1)^i \quad \text{pour } 0 \leq i \leq p-1$$

Appliquons ces résultats à (1.4). Nous obtenons, pour $n = p$

$$x(\mathrm{ad}\,y)^p = xy^p + (-1)^p y^p x = xy^p - y^p x = x\ \mathrm{ad}(y^p) ,$$

ou encore:

$$(2.3) \qquad (\mathrm{ad}\,y)^p = \mathrm{ad}\,(y^p) \quad .$$

Pour $n = p-1$, nous avons :

$$(2.4) \qquad x(\mathrm{ad}\,y)^{p-1} = \Sigma_{i=0}^{p-1} y^i x y^{p-1-i} = \text{termes de degré 1 en } x$$

dans le développement de $(x+y)^p$.

Pour $x_1, \dots, x_k \in A$, nous poserons :

$$(2.5) \qquad \mathfrak{f}_k(x_1,\dots,x_k) = \Sigma x_{i(1)} \cdots x_{i(k)} \quad ,$$

où la sommation est étendue aux $k!$ permutations $i(1),\dots,i(k)$ des indices $1,\dots,k$. $\mathfrak{f}_k(x_1,\dots,x_k)$ est évidemment la composante multilinéaire dans le développement de $(x_1 + \dots + x_k)^k$.

Remplaçons, dans (2.4), x par x_1 et y par $x_2 + \dots + x_p$, puis prenons la composante multilinéaire des deux membres.

Nous obtenons :

$$(2.6) \qquad x_1\, \mathfrak{f}_{p-1}\,(\mathrm{ad}\,x_2,\dots,\mathrm{ad}\,x_p) = \mathfrak{f}_p(x_1,\dots,x_p) \ .$$

3. Démontrons l'identité de Jacobson suivante: *il existe un polynôme de Lie* $\Lambda(x,y)$ *(c'est-à-dire une expression formée à l'aide de sommes et de crochets), telle que*

$$(3.1) \qquad (x+y)^p = x^p + y^p + \Lambda(x,y) \quad ,$$

dans tout anneau associatif de caractéristique p.

Considérons la composante homogène de degré α en x et $(p-\alpha)$

en y dans le développement de $(x+y)^p$. Notons la $P_\alpha(x,y)$.

Si nous remplaçons x par $x_1+\ldots+x_\alpha$ et y par $x_{\alpha+1}+\ldots+x_p$, nous voyons que la composante multilinéaire de $P_\alpha(x_1+\ldots+x_\alpha,\ x_{\alpha+1}+\ldots+x_p)$ est égale à $\ell_p(x_1,\ldots,x_p)$.

Or il existe un polynôme non commutatif multilinéaire $Q_\alpha(x_1,\ldots,x_p)$ tel que $P_\alpha(x,y)$ puisse s'écrire $Q_\alpha(x,\ldots,x,y,\ldots,y)$ où les α premiers arguments sont égaux à x , et les $(p-\alpha)$ derniers à y . De ces deux derniers résultats, nous déduisons que $\ell_p(x_1,\ldots,x_p)$ est égal à $\Sigma Q_\alpha(x_{i(1)},\ldots,x_{i(p)})$, où i parcourt l'ensemble des permutations i de $1,2,\ldots,p$ qui conservent $1,2,\ldots,\alpha$ et $(\alpha+1),\ldots,p$. Ces permutations sont au nombre de $\alpha!(p-\alpha)!$, et nous obtenons finalement, en remplaçant x_i par x pour $1 \leq i \leq \alpha$, par y pour $\alpha < i \leq p$:

$$(3.2)\qquad \ell_p(x,\ldots,x,y,\ldots,y) = \alpha!\ (p-\alpha)!\ P_\alpha(x,y)\ ,$$

où les α premiers arguments de ℓ_p sont x , les $(p-\alpha)$ derniers, y . Si nous utilisons (2.6), nous voyons que, pour $1 \leq \alpha < p$:

$$(3.3)\qquad P_\alpha(x,y) = (\alpha!\ (p-\alpha)!)^{-1}\ x.\ell_{p-1}\ (\mathrm{ad}x,\ldots,\ \mathrm{ad}x,\ \mathrm{ad}y,\ldots,\ \mathrm{ad}y),$$

où les $(\alpha-1)$ premiers arguments de ℓ_{p-1} sont adx, les $(p-\alpha)$ derniers ady .

L'identité (3.3) implique (3.1), puisque

$$(3.4)\qquad \Lambda(x,y) = (x+y)^p - x^p - y^p = \Sigma_{\alpha=1}^{p-1}\ P_\alpha(x,y)\ .$$

Remarquons que Λ est un polynôme de Lie défini sans équivoque, c'est-à-dire que $\Lambda\ (x,y)$ est un élément déterminé de l'algèbre de Lie libre (sur le corps $\mathbb{Z}_p$ des entiers mod p) engendré par x et y. En effet cette dernière algèbre se plonge, d'après (III.2.1), dans l'algèbre associative libre engendrée par x et y .

L'identité (3.1) peut se généraliser sous la forme :

(3.5) $$(\Sigma_{i=1}^{k} x_i)^p = \Sigma_{i=1}^{k} x_i^p + \Lambda_{(k)}(x_1,\ldots,x_k) ,$$

où $\Lambda_{(k)}$ est un polynôme de Lie en $x_1,\ldots,x_k$ à coefficients dans $\mathbb{Z}_p$. Les relations (3.5) peuvent s'établir par récurrence sur k . Nous avons $(\Sigma_{i=1}^{k+1} x_i)^p = (\Sigma_{i=1}^{k} x_i)^p + x_{k+1}^p + \Lambda(\Sigma_{i=1}^{k} x_i, x_{k+1})$

$$= \Sigma_{i=1}^{k+1} x_i^p + \Lambda_{(k)}(x_1,\ldots,x_k) + \Lambda(\Sigma_{i=1}^{k} x_i, x_{k+1})$$

D'où

(3.6) $$\Lambda_{(k+1)}(x_1,\ldots,x_{k+1}) = \Lambda_{(k)}(x_1,\ldots,x_k) + \Lambda(\Sigma_{i=1}^{k} x_i, x_{k+1}).$$

De même, en calculant de deux manières différentes $(\Sigma_{i=1}^{k}(x_i + y_i))^k = (\Sigma_{i=1}^{k} x_i + \Sigma_{i=1}^{k} y_i)$, nous obtenons

(3.7) $$\Sigma_{i=1}^{k} \Lambda(x_i, y_i) + \Lambda_{(k)}(x_1+y_1,\ldots,x_k+y_k) =$$

$$\Lambda_{(k)}(x_1,\ldots,x_k) + \Lambda_{(k)}(y_1,\ldots,y_k) + \Lambda(\Sigma_{i=1}^{k} x_i, \Sigma_{i=1}^{k} y_i)$$

4. Les résultats précédents conduisent à la notion d'algèbre de Lie restreinte (ou p-algèbre de Lie) sur un anneau Ω de caractéristique p .

(4.1) *Une p-algèbre de Lie sur Ω est une algèbre de Lie* L *munie d'une application dans elle même, notée $x \to x^{[p]}$ (et dite p-application de* L *), vérifiant les axiomes suivants :*

(1) $(\lambda x)^{[p]} = \lambda^p x^{[p]}$ pour $\lambda \in \Omega$, $x \in L$

(2) $(\mathrm{ad}\, x)^p = \mathrm{ad}(x^{[p]})$

(3) $(x + y)^{[p]} = x^{[p]} + y^{[p]} + \Lambda(x,y)$

Remarquons que (2) détermine $x^{[p]}$ modulo le centre de L . La p-application de L est déterminée modulo les applications semi-linéaires (pour $\lambda \longrightarrow \lambda^p$) de L dans son centre.

Les axiômes impliquent les relations :

$$(4.2) \qquad (\Sigma_{i=1}^{k} x_i)^{[p]} = \Sigma_{i=1}^{k} x_i^{[p]} + \Lambda_{(k)}(x_1,\ldots,x_k)$$

(Démonstration par récurrence sur k en utilisant (3.6)).

Remarquons enfin que, si L est plongé dans une algèbre associative A , et si $x^p \in L$ pour tout $x \in L$, alors $x \longrightarrow x^p$ est une p-application de L : c'est une conséquence de (2.3) et de (3.1).

(4.3) LEMME. *Soit* L *une algèbre de Lie sur un anneau* Ω *de caractéristique* p *, décomposée en somme directe de sous-modulos* (L_i). *On suppose donnée, sur chaque* L_i *une application dans* L *, notée* $x \longrightarrow x^{[p]}$*, vérifiant les axiomes* 1), 2), 3), *de* (4.1) *lorsque* x *et* y *appartiennent à une même composante* L_i . *Alors il existe une structure de* p*-algèbre sur* L *, et une seule, dont la* p*-application coïncide sur chaque* L_i *avec l'application donnée.*

L'unicité de la structure de L résulte de (4.2) : si

$x_{i(j)} \in L_{i(j)}$ pour $j = 1,2,\ldots,k$, il faut poser :

$$(\Sigma_{j=1}^{k} x_{i(j)})^{[p]} = \Sigma_{j=1}^{k} x_{i(j)}^{[p]} + \Lambda_{(k)}(x_{i(1)},\ldots,x_{i(k)})$$

Si nous décomposons suivant les (L_i) un élément x de L , nous avons un procédé univoque de calcul pour $x^{[p]}$. Il reste à vérifier les axiomes. Le premier est satisfait parce-que $\Lambda_{(k)}$ est un polynôme de Lie homogène de degré p. Vérifions les deux derniers en simplifiant les notations : soient

$$x = \Sigma_{j=1}^{k} x_j \ , \quad y = \Sigma_{j=1}^{k} y_j \ ; \ x_j, y_j \in L_j \ . \text{ Alors :}$$

$$(\mathrm{ad}\, \Sigma_j x_j)^p = (\Sigma_j \mathrm{ad} x_j)^p = \Sigma_j (\mathrm{ad} x_j)^p + \Lambda_{(k)}(\mathrm{ad} x_1,\ldots,\mathrm{ad} x_k).$$

Mais, puisque $x \longrightarrow adx$ est un homomorphisme d'algèbres de Lie,

$$\Lambda_{(k)}(adx_1,\dots,adx_k) = ad\,\Lambda_{(k)}(x_1,\dots,x_k) .$$

Par hypothèse $(adx_j)^p = ad(x_j^{[p]})$, donc :

$$(ad\,\Sigma_j\, x_j)^p = \Sigma_j\, ad\, x_j^{[p]} + ad\,\Lambda_{(k)}(x_1,\dots,x_k)$$

$$= ad\,(\Sigma_j\, x_j)^{[p]}$$

de même :

$$(\Sigma_j\, x_j + \Sigma_j\, y_j)^{[p]} = (\Sigma_j(x_j + y_j))^{[p]}$$

$$= \Sigma_j(x_j + y_j)^{[p]} + \Lambda_{(k)}(x_1+y_1,\dots,x_k+y_k)$$

(4.4) $$(\Sigma_j x_j + \Sigma_j y_j)^{[p]} = \Sigma_j\,(x_j^{[p]} + y_j^{[p]} + \Lambda(x_j,y_j)) + \Lambda_{(k)}(x_1+y_1,\dots, x_k+y_k)$$

(4.5) $$(\Sigma_j\, x_j)^{[p]} + (\Sigma_j\, y_j)^{[p]} + \Lambda(\Sigma_j\, x_j, \Sigma_j\, y_j) = \Sigma_j\,(x_j^{[p]} + y_j^{[p]}) + \Lambda_{(k)}(x_1,\dots,x_k) + \Lambda_{(k)}(y_1,\dots,y_k) + \Lambda(\Sigma_j\, x_j, \Sigma_j\, y_j)$$

L'égalité de (4.4) et (4.5) résulte alors de (3.7).

(4.6) THEOREME. *Soient* G *un groupe,* $A = \mathbb{Z}_p\,[G]$ *son algèbre à coefficients entiers mod* p , (A_i) *une filtration de* A *telle que* $x-1 \in A_1$ *pour tout* $x \in G$ *et enfin* (H_i) *la* N-*suite de* G *définie par* (A_i) *par le procédé du théorème* (II.6.3). *Alors* $\mathcal{L}(H_i)$ *est muni canoniquement d'une structure de* p-*algèbre de Lie (sur* $\mathbb{Z}_p$*). La* p-*application est ainsi définie pour les éléments homogènes ; si* $\tilde{x}_i$ *est la classe mod* H_{i+1} *de* $x \in H_i$, *alors* $\tilde{x}_i^{[p]}$, *est* *la classe mod* H_{ip+1} *de* $x_i^p \in H_{ip}$.

Identifions $\mathcal{L}(H_i)$ à son image dans l'anneau gradué $\mathfrak{g}(A)$. Soit $x \in H_i$; alors $(x-1) \in A_i$ et $(x-1)^p = x^p-1 \in A_{ip}$. Donc $x^p \in H_{ip}$. La classe de x^p mod H_{i+1} s'identifie, comme élément de $\mathfrak{g}(A)$, à la p-ième puissance de la classe de x mod H_i. Les conditions du lemme (4.3) sont donc satisfaites.

5. Nous allons montrer que le théorème (4.6) est valable pour toute une classe de N-suites : les N-suites restreintes de caractéristique p.

(5.1) DEFINITION. *Une N-suite restreinte de caractéristique* p *dans un groupe* G *est une N-suite* (H_i) *qui vérifie les conditions suivantes : pour tout* i *et tout* $x \in H_i$, $x^p \in H_{ip}$.

Les N-suites qui apparaissent dans l'énoncé du théorème (4.6) sont des N-suites restreintes. La réciproque est exacte, d'après la proposition

(5.2) *Toute N-suite restreinte de caractéristique* p *d'un groupe* G *peut s'obtenir à partir d'une filtration convenable de* $\mathbb{Z}_p[G]$.

Nous ne démontrerons pas ici ce résultat (cf. [8]), mais nous établirons directement l'existence d'une structure de p-algèbre de Lie sur $\mathcal{L}(H_i)$, où (H_i) désigne une N-suite restreinte.

6. Nous aurons besoin de quelques lemmes. Nous considérons, dans tout ce n°, une algèbre de Magnus A sur $\mathbb{Z}$ engendrée par $x_1,\dots,x_r$, et le groupe libre G engendré par les $X_i = 1+x_i$. En réduisant A mod P, c'est-à-dire en considérant l'algèbre quotient A/pA, nous obtenons l'algèbre de Magnus engendrée par les x_i (plus précisément par leurs images) sur $\mathbb{Z}_p$.

(6.1) Soient $\alpha = (\alpha_1,\dots,\alpha_r)$ une suite de r entiers ≥ 0 et n un entier ≥ 1. Nous noterons $H(n,\alpha)$ l'ensemble des $U \in G$ tels que $U-1$ ait toutes ses composantes non nulles de degré $\geq \alpha_i$ en x_i, et de degré total $\geq n$. De même, nous noterons $H_p(n,\alpha)$ l'ensemble des $U \in G$ tels que $U-1$ ait toutes ses composantes non congrues à 0(mod p) de degré $\geq \alpha_i$ en x_i, et de degré total $\geq n$. Enfin nous poserons $K(n,n',\alpha,\alpha') = H(n,\alpha) \cap H_p(n',\alpha')$.

(6.2) LEMME. $H(n,\alpha)$, $H_p(n,\alpha)$ *et* $K(n,n',\alpha,\alpha')$ *sont des sous-groupes de* G.

La démonstration est immédiate. On peut même établir que ce sont des sous-groupes distingués de G.

(6.3) LEMME. *Si* $U \in H(n,\alpha)$, *alors* $U^p \in K(n,pn,\alpha,p\alpha)$, *où* $p\alpha = (p\alpha_1,\dots,p\alpha_r)$.

En effet $U^p \in H(n,\alpha)$. Comme $H_p(n,\alpha) \supset H(n,\alpha)$, $U \in H_p(n,\alpha)$, ce qui implique $U^p \in H_p(pn,p\alpha)$, car $U^p - 1 \equiv (U-1)^p \pmod p$.

(6.4) LEMME. *Soit* $U \in K(n,n',\alpha,\alpha')$, *où* $n' \leq pn$ *et* $\alpha'_i \leq p\alpha_i$ *pour* $i = 1,\dots,r$. *Alors* :

1°) *Si* $n < n'$ *il existe un produit de commutateurs en les* X_i *de poids* $\geq \alpha_i$ *en* X_i *et de poids total* n, *soit* V, *tel que*

$$U \in V^p \, K(n+1,n',\alpha,\alpha')$$

2°) *Si* $n = n'$ *il existe deux produits de commutateurs (en les* X_i*) de poids* $\geq \alpha_i$ *(resp.* $\geq \alpha'_i$*) en* X_i, *et de poids total* n, *soient* V *et* V' *respectivement, tels que*

$$U \in V^p \, V' \, K(n+1,n+1,\alpha,\alpha')$$

Pour établir ce lemme, considérons la composante homogène de degré n de U, soit ξ. Dans le premier cas $\xi = p\eta$, où η est un polynôme de Lie à coefficients entiers, de degré $\geq \alpha_i$ en x_i.

D'après (III.2.3) il existe $V \in G$ ayant les propriétés de l'énoncé, et tel que η soit la composante homogène de degré n de V, d'où le résultat d'après (6.2) et (6.3). Dans le second cas, on a $\xi = p\eta + \eta'$, où η est de degré $\geq a_i$ en x_i et η' de degré $\geq a'_i$ en x_i, η et η' sont les composantes homogènes de degré n de V et $V' \in G$ ayant les propriétés de l'énoncé.

(6.5) *Un commutateur en les* X_i *de poids* $\geq a_i$ *en* X_i *appartient à* $H(n,a)$, *où* $n = a_1 + \ldots + a_r$.

Démonstration par récurrence sur n, en remarquant que $(1+u)^{-1}(1+v)^{-1}(1+u)(1+v)$ a tous ses termes (sauf 1) de degré ≥ 1 en u et en v.

7. Appliquons les lemmes précédents dans le cas où $r = 2$. G_i désigne le i-ème sous-groupe de la suite centrale descendante du groupe libre G engendré par $X_1 = (1+x_1)$ et $X_2 = (1+x_2)$.

(7.1) LEMME. *Il existe des produits de commutateurs* Z_i $(i = 2,3,\ldots)$ *en* X_1 *et* X_2 *de poids total* i, *et des produits de commutateur* Z'_i $(i = p+2, p+3, \ldots)$ *de poids total* i *et de poids* $\geq p$ *en* X_2 *tels que, pout tout* $h \geq 2$:

(7.2) $(X_1, X_2^p) \in (\ldots(X_1,X_2),\ldots,X_2) Z_2^p Z_3^p \ldots Z_{p+1}^p Z_{p+2}^p Z'_{p+2} \ldots Z_{p+h}^p Z'_{p+h} G_{p+h+1}$, *où dans* $(\ldots(X_1,X_2),\ldots,X_2)$, *la lettre* X_2 *apparaît* p *fois.*

Considérons en effet $U = (\ldots(X_1,X_2),\ldots,X_2)^{-1}(X_1,X_2^p)$. Alors en posant $a = (1,1)$ et $a' = (1,p)$, on a évidemment $U \in H(2,a)$. D'après (2.3) et (6.5), on a $U \in H_p(p+2,a')$, d'où $U \in K(2,p+2,a,a')$. Il suffit alors d'appliquer le lemme (6.4) pour obtenir successivement $Z_2,\ldots,Z_{p+1}$, puis Z_{p+2}, Z'_{p+2}, Z_{p+3}, Z'_{p+3}, ...

(7.3) LEMME. *Soit* $M(X_1, X_2)$ *un produit de commutateurs de poids total* p *en* X_1 *et* X_2 *tel que sa composante homogène soit congrue (mod.* p*) à* $\wedge(x_1, x_2)$. *Alors il existe des produits de commutateurs* T_i $(i = 2, \ldots, p)$ *de poids total* i *en* X_1 *et* X_2 *, et un élément* $T_{p+1} \in G_{p+1}$ *tels que :*

$$(X_1 X_2)^p = X_1^p X_2^p M(X_1, X_2) T_2^p T_3^p \ldots T_p^p T_{p+1} \tag{7.4}$$

Considérons en effet $U = M(X_1, X_2)^{-1} X_2^{-p} X_1^{-p} (X_1 X_2)^p$.

Alors il résulte de (3.1) que $U \in K(2, p+1, \alpha, \alpha)$ où $\alpha = (1,1)$ Il suffit encore d'appliquer (6.4).

(7.5) THEOREME. *Soit* (H_i) *une* N*-suite restreinte de caractéristique* p *dans un groupe* G . *Si* $x \in H_i$ *, la classe mod* H_{ip+1} *de* x^p *ne dépend que de la classe mod* H_{i+1} *de* x . *On définit ainsi, par passage aux quotients à partir de l'élévation à la* p*-ième puissance des applications des* H_i/H_{i+1} *dans* H_{ip}/H_{ip+1} *qui vérifient les conditions de* (4.3) *et définissent sur* $\mathcal{L}(H_i)$ *une structure de* p*-algèbre de Lie.*

La démonstration est une simple vérification. La p-application est bien définie d'après (7.3). Elle vérifie l'axiome 1) de (4.1) d'après $(x^n)^p = (x^p)^n$ et $n \equiv n^p$ (mod.p). L'axiome 2) est une conséquence de (7.1) et l'axiome 3) une nouvelle conséquence de (7.3).

V. GROUPES D'EXPOSANT p.

1. Un groupe G est dit d'exposant n si $x^n = 1$ pour tout $x \in G$. Si G est un groupe d'exposant p (premier), alors toute N-suite (H_i) de G est évidemment une N-suite restreinte de caractéristique p, et $\xi^{[p]} = 0$ pour tout élément *homogène* de $\mathcal{L}(H_i)$. (cf.(IV.5.1) et (IV.7.5)). Nous allons voir qu'il en est de même pour un $\xi \in \mathcal{L}(H_i)$, non nécessairement homogène, ce qui équivaut (cf.IV.2) à $(\mathrm{ad}\xi)^{p-1} = 0$ pour tout $\xi \in \mathcal{L}(H_i)$.

(1.2) THEOREME. *Soit* (H_i) *une* N-*suite dans un groupe* G *d'exposant* p . *Alors on a dans* $\mathcal{L}(H_i)$ *l'identité*

$$(1.3) \qquad (\mathrm{ad}\xi)^{p-1} = 0 ,$$

équivalente à l'identité

$$(1.4) \qquad f_{p-1}(\mathrm{ad}\xi_1,\ldots,\mathrm{ad}\xi_{p-1}) = 0 ,$$

avec les notations de (IV.2.5).

Il est clair que (1.4) implique (1.3), puisque $f_{p-1}(\mathrm{ad}\xi,\ldots,\mathrm{ad}\xi) = (p-1)!\,(\mathrm{ad}\xi)^{p-1}$. Formulons un lemme qui établira, entre autres choses, que (1.3) implique (1.4).

(1.5) LEMME. *Soient* k *un entier* > 0 , *et* $P_i(x_1,\ldots,x_i)$ *des polynômes en des variables associatives, mais non commutatives* $x_1,\ldots,x_k$, *définis par les relations suivantes :*

$$P_1(x_1) = x_1^k , \quad P_2(x_1,x_2) = (x_1+x_2)^k - x_1^k - x_2^k$$

$$P_{i+1}(x_1,\ldots,x_{i-1}, x_i, x_{i+1}) = P_i(x_1,\ldots,x_{i-1},x_i+x_{i+1}) - P_i(x_1,\ldots,x_{i-1},x_i) - P_i(x_1,\ldots,x_{i-1}, x_{i+1}).$$

Alors $P_i(x_1,\ldots,x_i)$ *est égal à la somme des termes de degré*

≥ 1 en chaque x_j dans le développement de $(x_1+x_2+\ldots+x_i)^k$. *En particulier* $P_k(x_1,\ldots,x_k) = f_k(x_1,\ldots,x_k)$, *avec la notation de* (IV.2.5).

Démonstration sans difficulté, par récurrence sur i .

(1.6) LEMME. *Soient* A *une algèbre de Magnus sur* $\mathbb{Z}$ *engendrée par,* $x_1,\ldots,x_i,\ldots,x_r$, G *le groupe libre engendré par les* $X_i = 1+x_i$, $Q_i\ (X_1,\ldots,X_i)$ *les éléments de* G *définis par les relations suivantes, où* k *désigne un entier fixe* > 0 :

$$Q_1(X_1) = X_1^k \quad , \quad Q_2(X_1,X_2) = (X_1X_2)^k\ X_1^{-k}X_2^{-k}$$

$$Q_{i+1}(X_1,\ldots,X_{i-1},X_i,X_{i+1}) =$$

$$Q_i(X_1,\ldots,X_{i-1},X_iX_{i+1})\ Q_i(X_1,\ldots,X_{i-1},X_i)^{-1}\ Q_i(X_1,\ldots,X_{i-1},X_{i+1})^{-1}$$

Alors avec les notations de (IV.6.1), $Q_r(X_1,\ldots,X_r)$ *appartient à* $H(r,a)$, *où* $a = (1,1,\ldots,1)$.

En effet la relation $Q_r(X_1,\ldots,X_r) \in H(r,a)$ signifie que tous les termes du développement de $Q_r - 1$ ont un degré ≥ 1 en chaque x_i, ou encore s'annullent quand on remplace un des x_i par 0 . Or remplacer un des x_i par 0 revient à remplacer un des X_i par 1 , et la définition des Q_i montre que $Q_i\ (X_1,\ldots,X_i)$ devient égal à 1 quand on y remplace un des $X_j (1 \leq j \leq i)$ par 1 .

Nous allons appliquer (1.5) et (1.6) *en supposant désormais* $k = p = r$.

(1.7) $\quad Q_i(X_1,\ldots,X_i) = 1+P_i(x_1,\ldots,x_i) +$ termes de degré > p (mod p).

La démonstration de (1.7) se fait par récurrence sur i , en remarquant que $(1+x)^p \equiv 1+x^p$ (mod p), et que

$$X_i\ X_{i+1} = 1+x_i+x_{i+1}+x_ix_{i+1}$$

Posons :

(1.8) $R(X_1,X_2,\ldots,X_p) = \prod_i (\ldots((X_1,X_{i(2)}),X_{i(3)})\ldots), X_{i(p)}),$

où le produit est étendu au (p-1)! permutations de 1,2,...,p-1, prises dans un ordre quelconque.

Il résulte de (IV.6.5) que $R(X_1,\ldots,X_p)$ appartient au sous-groupe $H(p,\alpha)$, avec $\alpha = (1,\ldots,1)$ dans l'algèbre de Magnus engendrée par $x_1,\ldots,x_p$, et que sa composante homogène de degré p est égale à $x_1 \mathfrak{f}_{p-1}(adx_2,\ldots,adx_p)$. D'après (IV.2.6), (1.5) et (1.7), $R(X_1,\ldots,X_p)$ et $Q_p(X_1,\ldots,X_p)$ ont leurs composantes homogènes de degré p congrues modulo p . D'où

(1.9) $Q_p(X_1,\ldots,X_p)^{-1}R(X_1,\ldots,X_p) \in K(p,p+1,\alpha,\alpha)$,

avec $\alpha = (1,\ldots,1)$.

Si nous appliquons maintenant le lemme (IV.6.4), nous obtenons le résultat suivant.

(1.10) LEMME. *Il existe des mots* U_p, $U_{p+1},\ldots,U_{p+h},\ldots$ *en* $X_1,\ldots,X_p$, *qui sont des produits de commutateurs en les* X_i *de poids totaux égaux à leur indices, et de poids* ≥ 1 *en chaque* X_i, *tels que :*

(1.11) $R(X_1,\ldots,X_p) \in Q(X_1,\ldots,X_p)\, U_p^p\, U_{p+1}U_{p+2}\ldots U_{p+h}G_{p+h+1}$.

Pour démontrer le théorème (1.2), il suffit d'établir la relation (1,4) sur la forme :

(1.12) $$\xi_1 \cdot \mathfrak{f}_{p-1}(ad\xi_2,\ldots,ad\xi_p) = 0$$

pour des éléments homogènes de degrés quelconques $\xi_1,\ldots,\xi_p$ de $\mathcal{L}(H_i)$, (1.12) est alors une conséquence immédiate de (I.II).

2. Soit G un groupe d'exposant p , engendré par $(x_1, \ldots, x_r)$ (G_i) sa suite centrale descendante. Alors (I.4.4) $\mathcal{L}(G_i)$ est engendré par les classes mod G_2 des générateurs x_i . D'autre part (1.2), l'identité $u(\mathrm{ad}\,v)^{p-1} = 0$ est vérifiée dans $\mathcal{L}(G_i)$. Donc :

(2.1). *L'anneau de Lie gradué associé à la suite centrale descendante d'un groupe d'exposant* p *à* r *générateurs est une algèbre de Lie sur* $\mathbb{Z}_p$ *, possèdant* r *générateurs et vérifiant l'identité* $(\mathrm{ad}\,u)^{p-1} = 0$.

Or Kostrikin [6] a démontré le théorème suivant :

(2.2) THEOREME. *Soit* L *une algèbre de Lie sur* $\mathbb{Z}_p$ *, possèdant un nombre fini de générateurs, et vérifiant l'identité* $(\mathrm{ad}\,u)^{p-1} = 0$ *Alors* L *est une algèbre nilpotente.*

Si L est nilpotente et de type fini, alors elle est de dimension finie sur $\mathbb{Z}_p$.

Les résultats précédents conduisent à :

(2.3) THEOREME. *Si* G *est un groupe de type fini, d'exposant* p *, alors les sous-groupes de la suite centrale descendante de* G *coïncident à partir d'un certain rang.*

En effet, puisque $\Sigma G_i/G_{i+1}$ est de dimension finie, on a, pour i assez grand, $G_i = G_{i+1} = \ldots = G_{i+h} = \ldots$

Pour préciser ces résultats, considérons le groupe libre réduit d'exposant p , à r générateurs. C'est le groupe G qu'on obtient en faisant le quotient d'un groupe libre F à r générateurs par le sous-groupe F^p de F engendré par toutes les p-ièmes puissances d'éléments de F . Alors tout groupe d'exposant p à r générateurs est un quotient de G . Soit c+1 le plus petit entier i tel que $G_i = G_{i+1}$. Alors $G/G_{c+1} = G^*$ est un groupe fini, et tout groupe *fini* d'exposant p à r générateurs est un quotient de G^* . En effet, un tel groupe est de la forme G/N ; comme c'est un p-groupe fini, il est nilpotent, donc $G_i \subset N$ pour i assez grand, c'est-à-dire $G_{c+1} \subset N$, et $G/N \simeq (G/G_{c+1})/(N/G_{c+1})$.

La question fondamentale est de savoir si G_{c+1} est réduit à l'élément neutre. Ecartons le cas trivial où r = 1 (G est alors cyclique). Nowikov a démontré [11] que G est infini pour $p > 72$, ce qui entraîne évidemment $G_{c+1} \neq 1$. Considérons alors le groupe G_{c+1} ; il est de type fini, comme sous-groupe d'indice fini d'un groupe de type fini (Schreier).

Si G_{c+1} possédait un sous-groupe propre d'indice fini, alors il posséderait un sous-groupe propre distingué d'indice fini, et le quotient serait nilpotent. On aurait donc $(G_{c+1}, G_{c+1}) \neq G_{c+1}$, et (G_{c+1}, G_{c+1}) serait un sous-groupe distingué d'indice fini de G , strictement contenue dans G_{c+1} , contrairement à ce que nous avons démontré. Puisque G_{c+1} est de type fini, il contient au moins un sous-groupe propre distingué maximal (d'après le lemme de Zorn, en remarquant que la réunion d'une famille totalement ordonnée de sous-groupes propres d'un groupe de type fini est encore un sous-groupe propre). En passant au quotient, on obtient un *groupe simple infini, d'exposant* p *et de type fini.* Un pareil monstre ne semble pas facile à étudier. Résumons les résultats principaux :

(2.4) *Soit* p *un nombre premier. L'hypothèse faible de Burnside est vraie pour les groupes d'exposant* p . *Autrement dit pour tout entier* r *il existe un entier* n(p,r) *tel que tout groupe fini d'exposant* p *à* r *générateurs ait un ordre* $\leq n(p,r)$. *D'autre part, si* $p > 72$, *l'hypothèse forte de Burnside est fausse : il existe un groupe infini d'exposant* p *à deux générateurs.*

Pour une discussion récente du problème de Burnside, cf.Higman [5].

3. Donnons quelques indications sur la démonstration du théorème de Kostrikin (2.2).

(3.1) DEFINITION. *Un anneau de Lie* L *vérifie la* n*-ième condition d'Engel si* $(adx)^n = 0$ *pour tout* $x \in L$. *Il vérifie la condition générale d'Engel si, pour tout* $x, y \in L$, *il existe un entier* n *tel que* $x.(ady)^n = 0$.

Kostrikin a démontré que toute algèbre de Lie sur $\mathbb{Z}_p$ vérifiant la n-ième condition d'Engel est *localement nilpotente* si $n \leq p$ (C'est-à-dire que toute sous-algèbre de type fini est nilpotente). Pour $n = p-1$, c'est-le théorème (2.2). Le cas $n = p$ s'y ramène. En effet, si L vérifie la p-ième condition d'Engel, le quotient de L par son centre vérifie la (p-1)-ième condition d'Engel. (cf. §4,r

Kostrikin démontre son théorème par récurrence sur n . Il s'appuie sur les résultats simples suivants (cf. Appendice n° 4 et 6).

(3.2) *Dans toute algèbre de Lie* L , *la somme des idéaux localement nilpotents est un idéal localement nilpotent, noté* R(L).

(3.3) *Dans toute algèbre de Lie* L *vérifiant la condition générale d'Engel, on a* $R(L/R(L)) = \underline{0}$.

Pour démontrer qu'une algèbre de Lie de type fini L vérifiant la n-ième condition d'Engel est nilpotente, on raisonne par l'absurde en considérant L/R(L) qu'on suppose $\neq 0$. On obtient ainsi une algèbre de type fini, vérifiant la n-ième condition d'Engel, et ne possédant aucun idéal non nul localement nilpotent. Or Kostrikin parvient à construire un élément $x \neq 0$, tel que l'idéal engendré par x soit abélien. Malheureusement les calculs sur lesquels repose la dernière partie de la démonstration sont très longs.

VI. LA FORMULE EXPONENTIELLE DE HAUSDORFF. APPLICATION AUX GROUPES D'EXPOSANT p.

1. Soit A une algèbre de Magnus, engendrée par des indéterminées $(x_1,\ldots,x_r)$ sur le corps Q des nombres rationnels. Nous noterons A^+ l'idéal d'augmentation de A , c'est-à-dire l'ensemble des éléments dont le "terme constant" (= composante homogène de degré 0) est nul.

(1.1) DEFINITION. *Pour* $x \in A^+$, *nous posons*

(1.2) $$e^x = \exp x = \sum_{n=0}^{\infty} \frac{x^n}{n!} ,$$

et

(1.3) $$\operatorname{Log}(1+x) = \sum_{n=1}^{\infty} (-1)^{n+1} \frac{x^n}{n} .$$

Les séries (1.2) et (1.3) convergent pour $x \in A^+$, et on a identiquement

(1.4) $$\operatorname{Log} e^x = (\exp \operatorname{Log}(1+x)) - 1 = x .$$

En effet, la sous-algèbre de A constituée par les séries de la forme $\Sigma a_n x^n$ s'identifie à $Q[[x]]$.

La sous-algèbre de Lie de A^+ engendrée par les éléments $(x_1,\ldots,x_r)$ est libre (III.2.1). Nous désignerons par L l'algèbre de Lie complétée, c'est-à-dire l'ensemble des sommes de séries dont les éléments sont des polynômes de Lie en $(x_1,\ldots,x_r)$.

(1.5) THEOREME. *Si* $x \in L$, $y \in L$, *alors*

$$\exp x \exp y = \exp z = \exp \Phi(x,y) ,$$

où $z = \Phi(x,y) \in L$.

C'est ce théorème qui constitue la "formule de Hausdorff". Il suffit évidemment de le démontrer dans le cas ou x et y sont les deux générateurs de A .

Nous définirons d'abord $\Phi(x,y)$ et $U(x,y)$ par les formules

$$(1.6) \qquad \Phi(x,y) = \text{Log}\,(e^{x}e^{y})$$

$$(1.7) \qquad U(x,y) = \text{Log}\; e^{-x}e^{x+y}$$

comme $U(x,o) = 0$, puisque $e^{-x}e^{x} = 1$, nous pouvons écrire :

$$(1.8) \qquad U(x,y) = \Sigma_{n=1}^{\infty} U_n(x,y) \quad ,$$

où $U_n(x,y)$ désigne la composante homogène de degré n *par rapport* à y de $U(x,y)$. Comme $\exp U(x,y) = \Sigma_{n=o}^{\infty} \frac{U(x,y)^n}{n!}$, nous voyons que $U_1(x,y)$ est aussi la composante homogène de degré 1 en y de $\exp U(x,y) = e^{-x}e^{x+y}$. En développant, nous obtenons :

$$(1.9) \qquad U_1(x,y) = \Sigma_{i,j,k=o}^{\infty} (-1)^i \frac{x^{i+j}\, y\, x^k}{i!\,(j+k+1)!}$$

$$\Sigma_{l,k=o}^{\infty} \Big(\Sigma_{i+j=l} \frac{(-1)^i}{i!\,(j+k+1)!} \Big) x^l y x^k$$

Or un calcul simple montre que :

$$(1.10) \qquad \Sigma_{i=o}^{l} \frac{(-1)^i}{i!\,(l+k+l-i)!} = \Sigma_{i=o}^{l} \frac{(-1)^i}{(l+k+1)!} \binom{l+k+1}{i}$$

$$= (-1)^l \binom{l+k}{l} \frac{1}{(l+k+1)!}$$

Si nous tenons compte de (IV.1.4), (1.9) e (1.10) conduisent à

$$(1.11) \qquad U_1(x,y) = \Sigma_{n=1}^{\infty} y \frac{(\text{ad}x)^{n-1}}{n!} = y \,.\, \frac{(\exp X-1)}{X} \,,$$

en désignant par X l'opérateur adx . Posons maintenant

$$(1.12) \qquad \Phi(x,y) = x + \Sigma_{n=1}^{\infty} \Phi_n(x,y) \quad ,$$

où $\Phi_n(x,y)$ désigne la composante homogène de degré n en y de $\Phi(x,y)$. Alors la relation :

$$(1.13) \qquad e^y = e^{-x}e^x e^y = e^{-x} \exp \Phi(x,y) = \exp U(x, \Phi(x,y)-x) \ ,$$

donne :

$$(1.14) \qquad y = \Sigma_{i=1}^{\infty} U_i \ (x, \Sigma_{j=1}^{\infty} \Phi_j \ (x,y)) \ .$$

Prenons les composantes de degré 1 en y dans (1.14) : nous obtenons

$$(1.15) \qquad y = U_1 \ (x, \Phi_1 \ (x,y)) \ .$$

D'après (1.11), nous avons donc :

$$(1.16) \qquad \Phi_1 \ (x,y) = y\left(\frac{X}{\exp X-1}\right) \ .$$

On peut expliciter $\Phi_1 \ (x,y)$ à partir de (1.16) en utilisant les nombres de Bernoulli. Remarquons seulement, pour l'instant, que $\Phi_1 \ (x,y) \in L$ si $x,y \in L$.

2. Désignons maintenant par ϵ une indéterminée qui commute avec x et avec y : on peut, par exemple, supposer que A est l'algèbre de Magnus engendrée par x,y,z,... sur le corps $Q(\epsilon)$. Calculons $\mathrm{Log}\ e^x e^{\epsilon y} e^y$. Nous avons d'abord, en appliquant deux fois (1.6) :

$$(2.1) \qquad \mathrm{Log}\ e^x e^{\epsilon y} e^y = \Phi(\Phi(x,\epsilon y),y) \ .$$

D'autre part $e^{\epsilon y}e^y = e^{(1+\epsilon)y}$, puisque ϵy et y commutent.

D'où :

$$(2.2) \qquad \mathrm{Log}\ e^x e^{\epsilon y} e^y = \Phi(x,(1+\epsilon)y) \ .$$

Egalons (2.1) et (2.2) en utilisant la notation (1.12); il vient :

$$(2.3) \qquad x + \Sigma_{n=1}^{\infty} (1+\epsilon)^n \Phi_n(x,y) = x + \Sigma_{i=1}^{\infty} \epsilon^i \Phi(x,y) +$$

$$\Sigma_{j=1}^{\infty} \Phi_j \, (x + \Sigma_{i=1}^{\infty} \epsilon^i \Phi(x,y), \; y) \quad .$$

Définissons maintenant l'opérateur de dérivation de Hausdorff. Soient V(x,y) et W(x,y) deux séries formelles en x et y (éléments d'une algèbre de Magnus engendrée par x et y). Considérons la série W(x+z,y), en x,y et z . Prenons sa composante homogène de degré 1 en z , soit T(x,y,z) , remplaçons enfin z par V(x,y) . Nous obtenons, par définition $(V(x,y) \frac{\partial}{\partial x})W(x,y)$;

$$(2.4) \qquad (V(x,y) \frac{\partial}{\partial x}) \, W(x,y) = T(x,y,V(x,y)) \; .$$

Il importe de remarquer que si $V,W \in L$ (algèbre de Lie complétée engendrée par x et y), alors $(V \frac{\partial}{\partial x}) \, W \in L$.

Prenons les termes de degré 1 en ϵ dans les deux membres de (2.3), Nous obtenons :

$$(2.4) \qquad \Sigma_{n=1}^{\infty} n \, \Phi_n(x,y) = \Phi_1(x,y) + \Sigma_{j=1}^{\infty} (\Phi_1(x,y) \frac{\partial}{\partial x}) \, \Phi_j(x,y).$$

Si nous égalons les termes de même degré n (>1) en y dans les deux membres de (2.4), nous obtenons :

$$(2.5) \qquad n \, \Phi_n(x,y) = (\Phi_1(x,y) \frac{\partial}{\partial x}) \, \Phi_{n-1} \, (x,y) \quad .$$

Puisque $\Phi_1(x,y) \in L$ (1.16), (2.5) montre par récurrence que $\Phi_n(x,y) \in L$ pour tout n , d'où (1.5). Nous avons repris la démonstration de Hausdorff [4].

3. Soient F un groupe libre à r générateurs, (F_i) sa suite centrale descendante, F^p le sous-groupe de F engendré par les p-ièmes puissances, I l'idéal de $\mathcal{L}(F_i)$ associé à F^p, G le quotient F/F^p et (G_i) la suite centrale descendante de G .

Alors $\mathcal{L}(G_i)$ s'identifie à $\mathcal{L}(F_i)/I$ (I.5.3); $\mathcal{L}(F_i)$ est un anneau de Lie libre à r générateurs. $\mathcal{L}(G_i)$ est une algèbre de Lie sur $\mathbb{Z}_p$, vérifiant la (p-1)-ième condition d'Engel.

Considérons le plus petit idéal J de $\mathcal{L}(F_i)$ tel que $\mathcal{L}(F_i)/J$ soit une algèbre de Lie sur $\mathbb{Z}_p$ vérifiant la (p-1)-ième condition d'Engel.

(3.1) J est l'idéal de $\mathcal{L}(F_i)$ engendré par tous les éléments de la forme px et $x(\mathrm{ad}\,y)^{p-1}$ $(x, y \in \mathcal{L}(F_i))$.

Alors $J \subset I$, et la question se pose de savoir si ces deux idéaux coïncident ou non. A ma connaissance la problème n'est pas entièrement résolu. On a cependant le résultat suivant.

(3.2) THEOREME. *Les composantes homogènes de degré* i *des idéaux* I *et* J *sont égales pour* $1 \leq i \leq 2p$.

Pour $i < p$, le résultat est assez élémentaire. Pour $i \leq 2p-2$, il a été démontré par Sanov [12] , et pour $i = 2p-1, 2p-2$, par Kostrikin [7] .

Nous allons indiquer les étapes de la démonstration de (3.2) pour $i \leq 2p-2$. Nous aurons d'abord besoin d'une représentation du groupe libre F différente de celle utilisée au § III.

Soit A l'algèbre de Magnus engendrée sur le corps Q des rationnels par $(x_1,\ldots,x_r)$. Nous pouvons remplacer les générateurs $(x_1,\ldots,x_r)$ par $(e^{x_1}-1,\ldots,e^{x_r}-1)$, car A est évidemment l'algèbre complétée de l'algèbre associative libre engendrée par ces éléments. Il résulte alors de (III.1.3) que le groupe multiplicatif engendré dans A par $e^{x_1},\ldots,e^{x_r}$ est libre (ce qu'on peut démontrer directement par la méthode utilisée pour (III.1.3)).

Transportons maintenant la structure de ce groupe par l'application Log (cf.(1.3)). Nous obtenons, sur une certaine partie F de A, une structure de groupe libre, dont les générateurs sont $(x_1,\dots,x_r)$. D'après (1.5), l'opération du groupe est donnée par la fonction de Hausdorff $\Phi(x,y)$. F est donc contenu dans l'algèbre de Lie libre complétée engendrée par les (x_i).

(3.3) *Soit* L *l'algèbre de Lie libre complétée engendrée par* $(x_1,\dots,x_r)$ *sur* Q. *Alors la formule de Hausdorff définit sur* L *une structure de groupe. Le groupe engendré par* $(x_1,\dots,x_r)$ *est un groupe libre* F ; *le sous-groupe* F_i *de la suite centrale descendante de* F *est formé des éléments de* F *dont les composantes homogènes de degré* < i *sont nulles.*

La p-ième puissance d'un élément $x \in F$ est égale à px.

F n'est pas un sous-anneau de Lie de L, ni un sous-groupe additif.

Désignons par L_o le *sous-anneau* de Lie engendré par les (x_i) dans L, et par J l'idéal de L_o engendré par les éléments px et $x(\mathrm{ad}\,y)^{p-1}$ $(x,y \in L_o)$. Alors L_o s'identifie à $\mathcal{L}(F_i)$, et nous voulons démontrer que, si $x \in F_i \cap F^p$, la composante homogène de degré i de x appartient à J, pour $1 \leq i \leq 2p-2$.

Soit Ω l'anneau des nombres rationnels p-entiers, c'est-à-dire dont le dénominateur n'est pas divisible par p. Notons L_1 la *sous-algèbre de Lie sur* Ω engendrée par les (x_i), et K l'idéal de L_1 engendré par tous les éléments $x(\mathrm{ad}\,y)^{p-1}$ $(x,y \in L_1)$.

Puisque $\Omega = \mathbf{Z} + p\,\Omega$, nous avons :

(3.4) $$L_1 = L_o + pL_1 \quad ; \quad pL_1 \cap L_o = pL_o \quad ;$$

(3.5) $$K \cap L_o \subset J \quad ; \quad (pL_1 + K) \cap L_o \subset J \; .$$

(3.6) LEMME. *Les composantes homogènes de degré* $\leq 2p-2$ *d'un élément de* F *appartiennent à* $L_1 + \frac{1}{p} K$.

(3.7) LEMME. *Les composantes homogènes de degré* $\leq 2p-2$ *d'un élément de* F^p *appartiennent à* $pL_1 + K$.

Une fois démontré le lemme (3.7), la démonstration de (3.2) sera faite pour $i \leq 2p-2$ (d'après (3.4) et (3.5)).

Pour démontrer (3.6), notons $L^*(x_1,\ldots,x_r)$ l'ensemble des éléments de L dont les composantes homogènes de degré $\leq 2p-2$ appartiennent à $L_1 + \frac{1}{p} K$. On démontre que, si $P(x,y) \in L^*(x,y)$ et Q, $R \in L^*(x_1,\ldots,x_r)$ alors $P(Q,R) \in L^*(x_1,\ldots,x_r)$. En effet, si $P \in L_1$, $P(Q,R) \in L^*$ résulte de ce que L^* est une Ω-algèbre de Lie. Si $P \in \frac{1}{p} K$, alors les composantes homogènes de degré $< p$ de P sont nulles. Il en résulte que les composantes homogènes de degré $\leq 2p-2$ de P(Q,R) ne dépendent que des composantes homogènes de degré $< p$ de Q et de R ; on peut alors supposer $Q,R \in L_1$, et $P(Q,R) \in \frac{1}{p} K$, parce que K est un idéal complètement invariant de L_1.

Pour établir (3.6), il suffit alors de démontrer que $\Phi(x,y) \in L^*(x,y)$ (cf.(1.5)). Comme les composantes homogènes de degré $\leq (2p-2)$ sont les seules qui nous intéressent, et que chaque terme de degré $\leq 2p-2$ en x et y est de degré $\leq p-1$ en x ou y, il suffit de montrer que $\Phi_n \in L^*$ (cf.(1.2)), pour $1 \leq n \leq p-1$. Pour $n = 1$, cela résulte facilement de (1.16), puis (2.5) permet la récurrence sur n, pour $n < p$. Remarquons que pour ce dernier point nous avons besoin de savoir que K est un idéal homogène de L_1 (cf.IV § 3).

(3.6) entraîne (3.7) pour les p-ièmes puissances d'éléments de F. L'énoncé général de (3.7) est une conséquence de $\Phi(x,y) \in L^*(x,y)$.

VII. "FORMULES DE HAUSDORFF" POUR LES ANNEAUX DE LIE VERIFIANT CERTAINES IDENTITES.

1. On sait que les coefficients des composantes homogènes de degré < p dans la formule de Hausdorff :

$$\Phi(x,y) = x+y+\frac{1}{2}[x,y]+\ldots \tag{1.1}$$

sont des éléments de Ω (nombres rationnels p-entiers).

Si L est un anneau de Lie, nilpotent de classe < p , et qui est un p-groupe en tant que groupe abélien, alors $\Phi(x,y)$ peut être calculé lorsqu'on remplace x et y par deux éléments de L : on se borne aux composantes homogènes de degré < p . L devient alors un p-groupe de classe < p . Réciproquement, tout p-groupe de classe < p peut être obtenu, d'une manière et d'une seule, par ce procédé [8].

Ce résultat n'est plus valable pour des groupes ou des anneaux de Lie de classe $\geq$ p . Cependant on peut se demander s'il n'existe pas de formule analogue à celle de Hausdorff, et qui permettrait de construire des p-groupes sur des anneaux de Lie de classe $\geq$ p , vérifiant certaines conditions supplémentaires.

D'après le théorème (VI.3.2), nous connaissons les 2p premières composantes homogènes de l'anneau de Lie associé à la suite centrale descendante d'un groupe libre réduit d'exposant p . Ce sont celles d'une algèbre de Lie sur $\mathbf{Z}_p$, libre réduite pour la (p-1)-ième condition d'Engel.

Or on peut démontrer que les groupes libres réduits d'exposant p et de classe p ne s'obtiennent pas à partir des anneaux de Lie correspondant par une formule du type de Hausdorff (si p $\geq$ 3 ; le cas p = 2 est trivial).

Précisons un peu ce résultat. Considérons la catégorie $\mathcal{H}_o$ des algèbres de Lie sur $\mathbb{Z}_p$, qui vérifient la (p-1)-ième condition d'Engel, et qui sont nilpotentes de classe $\leq p$. Nous cherchons une *loi de groupe* dans l'analyseur [9] correspondant à cette catégorie, dont les composantes de degré 1 et 2 sont celles de (1.1). Par "loi de groupe", nous entendons un polynôme de Lie à coefficients entiers mod p, ou p-entiers qui définit sur chaque algèbre de $\mathcal{H}_o$ une opération associative (les inverses existent toujours : ce sont les opposés).

Il resulte alors de [9] que, jusqu'au degré (p-1) inclus, les composantes homogènes de la loi de groupe cherchée doivent coincider avec celles de la loi de Hausdorff, réduite modulo p.

Soit $\Lambda^*(x,y)$ un polynôme de Lie en x,y , à coefficients entiers rationnels, tel que

$$(1.2) \qquad (x+y)^p - x^p - y^p \equiv \Lambda^*(x,y) \qquad (\mathrm{mod}\ p)$$

(cf.(IV.3.1)). Alors un calcul simple montre que la composante homogène de degré p de $\Phi(x,y)$ est égale à $\frac{1}{p}\Lambda^*(x,y)$ + un polynôme de Lie à coefficients p-entiers.

Si l'on définit, comme dans [9] , chapitre 4 , $\delta\Lambda(x,y,z)$ par

$$(1.3) \qquad \delta\Lambda(x,y,z) = \Lambda(y,z) - \Lambda(x+y,z) + \Lambda(x,y+z) - \Lambda(x,y) ,$$

alors le problème de trouver une loi de groupe sur les algèbres de $\mathcal{H}_o$ équivaut au suivant : trouver un polynôme de Lie M(x,y) , homogène de degré p tel que

$$\frac{1}{p}\delta\Lambda(x,y,z) - M(y,z) + M(x+y,z) - M(x,y+z) + M(x,y)$$

appartienne, modulo p, à l'idéal engendré par les polynômes de

Lie de la forme u $(\mathrm{ad}\,v)^{p-1}$. En considérant les termes de degré (1,1,p-2) par rapport à (x,y,z) dans $\frac{1}{p}\delta\Lambda(x,y,z)$, on peut montrer que le problème est impossible.

2. Le résultat négatif précédent montre qu'il n'y a pas de loi de groupe commençant par $x + y + \frac{1}{2}[x,y]$, et valable dans les Ω-algèbres de Lie vérifiant seulement la (p-1)-ième condition d'Engel. Nous allons par contre démontrer un résultat positif concernant des algèbres de Lie qui vérifient d'autres identités que la (p-1)-ième condition d'Engel.

(2.1) THEOREME. *Soient* L *l'algèbre de Lie libre engendrée par* x *et* y *sur le corps* Q , *et* H *l'idéal de* L *engendré par tous les éléments de la forme* $u.(\mathrm{ad}\,v)^{p-1}$. *Soit* $L_1 \in L$ *l'algèbre de Lie sur* Ω *engendrée par* x *et* y . *Alors toutes les composantes homogènes de la série de Hausdorff* $\Phi(x,y)$ *appartiennent à* $L_1 + H$.

Autrement dit chaque composante de Φ est la somme d'un polŷnome de Lie à coefficients p-entiers, et d'un polynôme appartenant à H .

Nous définissons la sous-Ω-algèbre L_1 et l'idéal H dans une algèbre de Lie libre sur Q possédant une famille quelconque de générateurs.

(2.2) DEFINITION. *Une Ω-algèbre de Lie sera dite appartenir à la catégorie* $\mathcal{H}_1$ *si c'est un quotient d'une algèbre de la forme* $L_1/L_1 \cap H$.

Comme $L_1 \cap H$ est évidemment un idéal complètement invariant de L_1 , la catégorie $\mathcal{H}_1$ est caractérisée par la vérification de certaines identités. Nous ne savons malheureusement pas décrire explicitement ces identités. La comparaison avec le résultat du n° 1 montre cependant que ces identités ne sont pas seulement des conséquences de la (p-1)-ième condition d'Engel. Par exemple, si $p = 3$, on a identiquement $[[x,y], z] = 0$ dans $\mathcal{H}_1$, mais non dans la catégorie $\mathcal{H}_o$ considérée au n° 1.

D'après Kostrikin, les algèbres de $\mathcal{H}_1$ sont localement nilpotentes. La formule de Hausdorff se réduit donc, mod. H, à un polynôme de Lie, et on peut l'appliquer sans restriction dans $\mathcal{H}_1$

(2.3) THEOREME. *Sur toute Ω-algèbre de Lie appartenant à $\mathcal{H}_1$, la formule de Hausdorff réduite permet de définir une structure de groupe. On obtient ainsi une catégorie de groupes $\mathcal{C}_1$.*

Ce théorème est une conséquence facile de (2.1).

(2.4) *Les groupes de la catégorie $\mathcal{C}_1$ sont localement nilpotents.*

(2.5) *Si* n *est un entier premier à* p *, chaque élément d'un groupe de $\mathcal{C}_1$ possède une racine* n*-ième et une seule.*

Dans un groupe de la catégorie $\mathcal{C}_1$, l'inversion de la formule de Hausdorff est possible. Si nous considérons une Ω-algèbre de Lie de la catégorie $\mathcal{H}_1$ comme un groupe de $\mathcal{C}_1$, alors $kx = x^k$ pour $k \in \Omega$. Le commutateur (x,y) est égal au crochet $[x,y]$ + des termes de degré ≥ 3 en x et y. Il en résulte aisément l'existence de formules :

(2.6) $$x + y = U(x,y) \quad ; \quad [x,y] = V(x,y) \quad ,$$

où U et V sont des produits de commutateurs en x et y, élevés à des puissances fractionnaires convenables (cf. [8]).

Dans un groupe vérifiant la condition (2.5), on peut *définir* des opérations $x + y$ et $[x,y]$ par les formules (2.6), une fois choisis U et V ; on pose $kx = x^k$; pour que (2.6) définisse une structure de Ω-algèbre de Lie appartenant à $\mathcal{H}_1$, il faut et il suffit que certaines identités soient vérifiés.

(2.7) THEOREME. *La formule de Hausdorff réduite, ainsi que les formules d'inversion* (2.6) *permettent d'identifier les catégories* $\mathcal{H}_1$ *et* $\mathcal{C}_1$ *, respectivement de* Ω*-algèbres de Lie et de groupes. Les homomorphismes sont les mêmes dans l'une ou l'autre catégorie. Les sous-*Ω*-algèbres de Lie correspondent aux sous-groupes radiciels (c'est-à-dire vérifiant* (2.5)*). Les idéaux correspondent aux sous-groupes radiciels distingués. Les catégories* $\mathcal{H}_1$ *et* $\mathcal{C}_1$ *sont l'une et l'autre caractérisées par la vérification de certaines identités (et de* (2.5) *pour* $\mathcal{C}_1$*).*

On peut considérer plus particulièrement les p-groupes appartenant à $\mathcal{C}_1$. La condition (2.5) est satisfaite dans tout p-groupe. On obtient alors une catégorie de p-groupes, réguliers au sens de P.Hall. Mais on sait que le groupe libre réduit d'exposant p et de classe p n'appartient pas à la catégorie en question.

L'intérêt du théorème (2.7) serait certainement plus grand si l'on parvenait à donner une caractérisation moins indirecte des catégories $\mathcal{C}_1$ et $\mathcal{H}_1$.

3. Terminons en donnant quelques indications sur une démonstration du théorème (2.1), due à Kostrikin [7], qui s'est appuyé sur un travail de Magnus [10].

Posons :

$$\Phi(x,y) = x + y + z_2(x,y) + \ldots + z_n(x,y) + \ldots, \qquad (3.1)$$

z_n désignant la composante homogène de degré n .

On démontre d'abord le résultat suivant : si n n'est pas une puissance de p , et si $z_r, \ldots, z_{n-1} \in L_1 + H$, alors $z_n \in L_1 + H$
Pour cela on utilise l'identité

$$x^t y^t = (xy)^t u_2^{\binom{t}{2}} \ldots u_k^{\binom{t}{k}} \ldots , \qquad (3.2)$$

valable dans un groupe multiplicatif, et où u_k désigne un élément du k-ième sous-groupe de la suite centrale descendante du groupe engendré par x et y . Il résulte de (3.2), après quelques calculs (cf. [9] , p.348-349), que $(t^n - t)z_n \in L_1 + H$, et il existe un entier t tel que $t^n - t$ ne soit pas divisible par p , puisque n n'est pas une puissance de p .

On démontre ensuite que $z_n \in H$ pour $n > 2p^2 - 7p+7$ (cf. [10])

Il ne reste alors que 2 cas à considérer : $n = p$ et $n = p^2$.

Pour $n = p$, $z_p \in L_1 + H$ est une conséquence de (VI.3.6).

Les relations (VI.1.16) et (VI.2.5) entrainent, par récurrence sur n , que les composantes homogènes de Φ_n de degré $> (p-1) + (p-2)(n-1)$ appartiennent à H (résultat qui reste exact si on remplace $(p-1) + (p-2)(n-1)$ par $(p-2) + (p-3)(n-1)$).

Pour $n = p$, on voit que les composantes homogènes qui n'appartiennent pas à H de $z_{p^2}(x,y)$ ont un degré $> p$ en x et en y

La relation $z_{p^2}(y,z) - z_{p^2}(x+y,z) + z_{p^2}(x,y+z) - z_{p^2}(x,y) \in L_1+H$, jointe à la propriété précédente de z_{p^2} permet de montrer que $z_{p^2} \in L_1+H$, ce qui achève la démonstration.

A P P E N D I C E .

1. PRODUITS SEMI-DIRECTS; PRODUITS TENSORIELS GAUCHES.

(1.1) Soient G et H deux groupes; supposons que G opère sur H à droite, par automorphismes (le transformé de $h \in H$ par $g \in G$ est noté h^g).

Nous appelons *produit semi-direct* de G par H l'ensemble $G \times H$ des couples g.h ($g \in G$, $h \in H$), muni de la multiplication définie par

$$(g.h)(g'.h') = gg'.h^{g'}h' .$$

$g \longrightarrow g.1$ est une injection de G sur un sous-groupe de $G \times H$ auquel nous l'identifions; $h \longrightarrow 1.h$ est injection de H sur un sous-groupe distingué de $G \times H$ auquel nous l'identifions. Avec les identifications précédentes, $h^g = g^{-1}hg$, $g.h = gh$.

(1.2) Soient M et N deux algèbres de Lie (sur un même anneau commutatif). Supposons que M opère sur N à droite, par dérivations (le transformé de $n \in N$ par $m \in M$ est noté $n \circ m$).

Nous appelons *somme semi-directe* de M et de N l'ensemble $M \times N$ des couples (m,n) muni de la structure d'algèbre de Lie définie par $(m,n) + (m',n') = (m+m',n+n')$

$$\omega(m,n) = (\omega m, \omega n) \quad , \text{ pour } \omega \text{ scalaire}$$

$$[(m,n),(m',n')] = ([m,m'],[n,n'] + n \circ m' - n' \circ m).$$

(cf. [1], p.17).

$m \longrightarrow (m,0)$ est une injection de M sur une sous-algèbre à laquelle nous l'identifions; $n \longrightarrow (0,n)$ est une injection de N sur un idéal, auquel nous l'identifions. Nous remplaçons, après ces identifications, (m,n) par m+n et non par $[n,m]$. La somme semi-directe sera notée M+N .

(1.3) Soit L une algèbre de Lie sur un anneau commutatif Ω . Nous appelons algèbre (associative) enveloppante de L et notons U(L) une algèbre associative, avec unité, sur Ω , engendrée par des générateurs $\bar{a}$ en correspondance biunivoque avec les éléments de L , et liés par les seules relations qui sont des conséquences des suivantes :

1) L'application $\phi : L \longrightarrow U(L)$ définie par $\phi(a) = \bar{a}$ est Ω-linéaire.

2) $\phi([a,b]) = \phi(a)\phi(b)-\phi(b)\phi(a)$ pour tous $a,b \in L$.

U(L) est le quotient de l'algèbre tensorielle $\otimes$ L par l'idéal engendré par les $a\otimes b - b\otimes a - [a,b]$ (cf. [1] p.22).

Le résultat suivant est immédiat : si L est libre pour les générateurs (x_i), alors U(L) est libre pour les générateurs $(\bar{x}_i)$

(1.4) Soient A une algèbre associative avec unité, et L une algèbre de Lie, sur un même anneau Ω .Supposons que L opère sur A à droite, par dérivations (le transformé de $a \in A$ par $x \in L$ est noté $a \circ x$). Soit ϕ l'application canonique de L dans U(L). Alors on peut définir sur le module $U(L) \otimes_\Omega A$ une structure d'algèbre associative et une seule telle que :

1) $u \longrightarrow u\otimes 1$ soit un homomorphisme de U dans $U\otimes A$.

2) $a \longrightarrow 1\otimes a$ soit un homomorphisme de A dans $U\otimes A$.

3) $(u\otimes a)(1\otimes b) = u\otimes ab$ $(u \in U ;\ a,\ b \in A)$.

4) $(u\otimes a)(\phi(x)\otimes 1) = u\phi(x)\otimes a + u\otimes(a \circ x)$ $(u \in U ;\ a \in A ;\ x \in L)$

Le module $U(L) \otimes A$, muni de la structure ainsi définie, sera dit *produit tensoriel gauche* de A par U(L) . Pour vérifier l'existence de cette algèbre (l'unicité est évidente), on peut construire sa représentation régulière droite, comme suit : on définit, pour $a \in A$ l'opérateur $d(a)$ par $(v\otimes b)\,d(a) = v\otimes ba$, et, pour $x \in L$, l'opérateur $\delta(x)$ par $(v\otimes b)\delta(x) = v\phi(x)\otimes b + v\otimes(b \circ x)$. On vérifie alors les relations $d(a).d(b) = d(ab)$; $\delta(x)\delta(y) - \delta(y)\delta(x) = \delta([x,y])$; $d(a)\delta(x) - \delta(x)d(a) = d(a\otimes x)$. Ces relations permettent de poser $\delta(x) = \delta'(\phi(x))$, et de définir les opérateurs $\delta'(u)$ pour $u \in U(L)$. Enfin l'application qui associe à $u\otimes a$ l'opérateur $\delta'(u)d(a)$ est une injection de $U\otimes A$ dans l'algèbre des endomorphismes linéaires de $U\otimes A$.

2. EXISTENCE D'AUTOMORPHISMES ET DE DERIVATIONS.

(2.1) *Soit* G *un groupe libre engendré par les éléments* (x_i). *Alors toute permutation de l'ensemble des* (x_i) *se prolonge en un automorphisme de* G *et un seul.*

(2.2) *Soit* A *une algèbre associative (resp. de Lie) libre engendrée par les éléments* (x_i) *sur* Ω . *Alors toute application dans* A *de l'ensemble des* (x_i) *se prolonge, d'une manière et d'une seule, en une dèrivation de* A .

(2.1) est évident. Pour démontrer (2.2), nous allons d'abord considérer l'algèbre libre X engendrée par les (x_i) sur Ω . Une base de X sur Ω est constituée par les monômes en les (x_i) , définis inductivement comme suit: chaque x_i est un monôme ; si u et v sont des monômes, $u \circ v$ est un monôme et $u \circ v = u' \circ v'$ équivaut à $u = u'$ et $v = v'$. On définit comme d'habitude les degrés des monômes par rapport aux x_i .

Supposons alors donnée une famille d'éléments $D(x_i) \in X$. On définit D(u) pour un monôme u par récurrence sur le degré total, en posant $D(u \circ v) = D(u) \circ v + u \circ D(v)$, puis on prolonge D par linéarité, et on obtient une *dérivation* de X .

L'algèbre associative (resp. de Lie) A s'obtient à partir de X en prenant le quotient par un certain idéal (bilatère) I Nous allons montrer que $D(I) \subset I$ pour toute dérivation D de X ; alors D passera au quotient X/I et (2.2) sera démontré.

Si I_o est une famille de générateurs de I , et si $D(I_o) \subset I$, alors $D(I) \subset I$. Considérons en effet l'ensemble J des $a \in I$ tels que $D(a) \in I$. Nous avons $I_o \subset J \subset I$, et on vérifie immédiatement que J est un idéal, d'où J = I .

Dans le cas de l'algèbre associative, I_o peut être pris égal à l'ensemble des éléments $\mathrm{Ass}(a,b,c) = a \circ (b \circ c) - (a \circ b) \circ c$, pour $a,b,c \in A$. Comme Ass est linéaire en a,b,c , on a

$$D(\mathrm{Ass}(a,b,c)) = \mathrm{Ass}(D(a),b,c) + \mathrm{Ass}(a,D(b),c) + \mathrm{Ass}(a,b,D(c)) ,$$

donc $D(I_o) \subset I$. Ce résultat vaut pour toutes les identités multilinéaires, en particulier pour l'identité de Jacobi. Quant à l'identité "quadratique" $a \circ a$, valable dans les anneaux de Lie, on a:

$$D(a \circ a) = D(a) \circ a + a \circ D(a) = (a+D(a)) \circ (a+D(a)) - a \circ a - D(a) \circ D(a)$$

d'où encore $D(I_o) \subset I$ dans le cas de l'algèbre de Lie.

3. THEOREMES D'ELIMINATION.

(3.1) *Soit* L *une algèbre de Lie libre engendrée par les générateurs* $(x_i)_{i \in I}$ *et* $(y_j)_{j \in J}$. *Posons, pour toute suite (éventuellement vide)* $i_1, \ldots, i_k \in I$ *et tout* $j \in J$:

$z_{j,i_1,\ldots,i_k} = y_j \operatorname{ad} x_{i_1} \operatorname{ad} x_{i_2} \ldots \operatorname{ad} x_{i_k}$. *Soient* L_1 *et* L_2 *les sous-algèbres de Lie de* L *engendrées respectivement par les* x_i *et par les* $z_{j,i_1,\ldots,i_k}$. *Alors* L_1 *et* L_2 *sont des algèbres de Lie libres par rapport à ces familles de générateurs,* L_1 *est l'idéal de* L *engendré par les* y_j *, et* L *s'identifie à la somme semi-directe de* L_1 *et de* L_2 . (cf.(1.2)).

Construisons en effet 2 algèbres de Lie libres, L_1^* et L_2^* engendrées respectivement par des générateurs x_i^* et des générateurs $z^*_{j,i_1,\dots,i_k}$ (nous posons $y_j^* = z_j^*$). Il existe, d'après (2.2) une dérivation de L_2^* , soit D_i , telle que $D_i(z^*_{j,i_1,\dots,i_k}) = z^*_{j,i_1,\dots,i_k,i}$. Posons $u \circ x_i^* = D_i(u)$, pour $u \in L_2^*$ Puisque L_1^* est libre, nous pouvons faire opérer à droite L_1^* sur L_2^* , par dérivations (en définissant $u \circ v$ pour $u \in L_2^*$, $v \in L_1^*$, à partir de $u \circ x_i^* = D_i(u)$) . Formons la somme semi-directe $L^* = L_1^* + L_2^*$. Puisque L est libre en les x_i et y_j , il existe un homomorphisme unique $\phi : L \longrightarrow L^*$ tel que $\phi(x_i) = x_i^*$ et $\phi(y_j) = y_j^*$; on a de plus $\phi(z_{j,i_1,\dots,i_k}) = z^*_{j,i_1,\dots,i_k}$. De même, il existe un homomorphisme $\phi_1^* : L_1^* \longrightarrow L$ tel que $\phi_1^*(x_i^*) = x_i$, et un homomorphisme $\phi_2^* : L_2^* \longrightarrow L$ tel que $\phi_2^*(z^*_{j,i_1,\dots,i_k}) = z_{j,i_1,\dots,i_k}$. Pour $i \in I$ fixé, l'ensemble des $u \in L_2^*$ tels que $\phi_2^*(u \circ x_i^*) = [\phi_2^*(u), x_i]$ est un sous-algèbre de L_2^* contenant les $z^*_{j,i_1,\dots,i_k}$, donc c'est L_2^* . Pour $u \in L_2^*$ fixé, l'ensemble des $U \in L_1^*$ tels que $\phi_2^*(u \circ v) = [\phi_2^*(u), \phi_1^*(v)]$ est une sous-algèbre de L_1^* contenant les x_i^*, donc c'est L_1^* . Il en résulte que ϕ_1^* et ϕ_2^* se prolongent en un homomorphisme ϕ^* de L^* dans L , tel que $\phi^*(x_i^*) = x_i$ et $\phi^*(y_j^*) = y_j$. Les deux homomorphismes composés $\phi^*\phi$ et $\phi\phi^*$ sont l'identité sur les générateurs des algèbres où ils opérent, donc sur ces algèbres, et ϕ et ϕ^* sont un couple d'isomorphismes réciproques.

L'identification de L à $L_1^* + L_2^*$ conserve les degrés, à *condition d'attribuer* à $z^*_{j,i_1,\dots,i_k}$ *le poids* (k+1).

(3.2) *Soit* A *une algèbre associative libre engendrée par les générateurs* $(x_i)i \in I$ *et* $(y_j)j \in J$. *Posons, pour tous* $u, v \in A$, $u.ad(v) = uv-vu$, *et posons comme précédemment* $z_{j,i_1,\ldots,i_k} = y_j \, adx_{i_1} \ldots adx_{i_k}$. *Soient* A_1 *et* A_2 *les sous-algèbres associatives de* A *engendrées respectivement par les* x_i *et les* $y_{j,i_1,\ldots,i_k}$. *Alors* A_1 *et* A_2 *sont des algèbres associatives libres par rapport à ces familles de générateurs, et* A *s'identifie, en tant que module, au produit tensoriel* $A_1 \otimes A_2$ *(toutes les algèbres et sous-algèbres ont une unité).*

La démonstration est entièrement analogue à celle de (3.1). Construisons d'abord une algèbre de Lie libre, de générateurs $(x^*_i)_{i \in I}$, soit L_1 . Son algèbre enveloppante $U(L_1)$ s'identifie à une algèbre associative libre $\bar{A}_1$ en des générateurs $(\bar{x}_i)$. Construisons d'autre part l'algèbre associative libre $\bar{A}_2$ en des générateurs $\bar{z}_{j,i_1,\ldots,i_k}$. Faisons opérer à droite par dérivation L_1 sur $\bar{A}_2$ (ce qui est possible d'après (2.2)),de telle sorte que $\bar{z}_{j,i_1,\ldots,i_k} \circ x^*_i = \bar{z}_{j,i_1,\ldots,i_k,i}$. Formons alors le produit tensoriel gauche (1.4) $\bar{A}_1 \otimes \bar{A}_2$. Nous trouvons comme précédemment un couple d'isomorphismes réciproques entre A et $\bar{A}_1 \otimes \bar{A}_2$, qui fait correspondre à A_1 et A_2 les algèbres $\bar{A}_1$ et $\bar{A}_2$

(3.3) *Soit* G *un groupe libre engendré par les générateurs* $(x_i)_{i \in I}$ *et* $(y_j)_{j \in J}$. *Désignons par* G_1 *le sous-groupe de* G *engendré par les* x_i , *et par* G_2 *le sous-groupe de* G *engendré par tous les* y_j^z , *où* $j \in J$, $z \in G_1$. *Alors* G_1 *et* G_2 *sont des groupes libres par rapport à ces familles de générateurs,* G_2 *est le sous-groupe distingué de* G *engendré par les* y_j , *et* G *s'identifie au produit semi-direct de* G_1 *par* G_2 .

Démonstration analogue à celles de (3.1) et (3.2), à partir de la construction d'un produit semi-direct de groupes libres.

Les 3 théorèmes précédents peuvent être considérés comme des théorèmes d'"élimination" : on élimine certains générateurs (les x_i) et on obtient un produit semi-direct, avec un second facteur libre, dont on a défini les générateurs. Le procédé d'élimination peut être répété (cf. n°5).

Nous allons modifier (3.3), en nous appuyant sur la remarque suivante : si (a_i) est un ensemble d'éléments d'un groupe G , et $b \in G$, alors les parties $\{a_i, a_i^b\}$ et $\{a_i, (a_i, b)\}$ engendrent le même sous-groupe. Si les a_i et a_i^b sont des générateurs libres, il en est de même des a_i et (a_i, b). En effet, $a_i^b = a_i(a_i, b)$ et $(a_i, b) = a_i^{-1}a_i^b$. Par récurrence sur k , on voit de même que le sous-groupe engendré par les éléments a_i, $a_i^{b_1}$, $a_i^{b_1 b_2}, \ldots, a_i^{b_1 b_2 \ldots b_k}$ coïncide avec le sous-groupe engendré par les éléments a_i , (a_i, b_1), $((a_i, b_1), b_2), \ldots, (\ldots((a_i, b_1), b_2), \ldots, b_k)$ lorsque les b_i parcourent, indépendamment les uns des autres une même partie B de G. Si nous utilisons la forme réduite des éléments de (3.3), nous parvenons, compte tenu de (I.1.4), à l'énoncé suivant :

(3.4) *Avec les notations de* (3.3), *on peut remplacer les générateurs* y_j^z *de* G_2 *par la famille suivante d'éléments : les commutateurs* $(\ldots((y_j, t_1), t_2), \ldots, t_k)$, *où* $j \in J$, $k \geq 0$, *et où* $t_1, \ldots, t_k$ *est une suite d'éléments de la forme* x_i *ou* x_i^{-1} $(i \in I)$, *vérifiant la seule condition que l'on ne rencontre pas de couple* t_j, t_{j+1} *de la forme* x_i, x_i^{-1} *ou* x_i^{-1}, x_i.

En particulier si les x_i se réduisent à un seul élément x , on pourra prendre comme générateurs de G_2 les éléments

(3.5) $z_{j,k} = (\ldots(y_j, x), \ldots, x)$ et $z^*_{j,k} = (\ldots(y_j, x^{-1}), \ldots, x^{-1})$

avec k lettres x ou x^{-1}.

Désignons par H_2 le sous-groupe de G_2 engendré par les éléments $z_{j,k}$, et par $\gamma_k(G)$ le h-ième sous-groupe de la suite centrale descendante de G . Alors, pour tout h ,

(3.6) $$G_2 = H_2 \cdot (\gamma_h(G) \cap G_2) .$$

Autrement dit, si l'on ne s'intéresse qu'aux groupes nilpotents (considérés comme quotients de groupes libres), il est inutile d'introduire les éléments $z^*_{j,k}$.

Pour établir (3.6), adoptons des notations plus commodes. Soient x et y deux éléments d'un groupe. Posons $u_k = (\ldots(y,x),\ldots,x)$, avec k lettres x . Alors (I,1.4) donne :

$$1 = (y,x^{-1})\ u_1^{x^{-1}} = (y,x^{-1})u_1\ (u_1,x^{-1}) ,$$

de même :

$$1 = (u_1,x^{-1})\ u_2\ (u_2,x^{-1}) ,$$

d'où

$$(y,x^{-1}) = u_2(u_2,x^{-1})\ u_1^{-1}$$

$$= u_2\ u_4\ (u_4,x^{-1})\ u_3^{-1}\ u_1^{-1}$$

$$(y,x^{-1}) = u_2\ u_4\ldots u_{2k}\ (u_{2k},x^{-1})u_{2k-1}^{-1}\ u_{2k-3}^{-1}\ldots u_1^{-1}$$

(3.7) *Pour pouvoir négliger les inverses des générateurs* x_i *dans l'énoncé* (3.4), *il suffit que les commutateurs* $(\ldots(v,x_i),\ldots,x_i)$ *soient égaux à* 1 *quand* x_i *est répété assez souvent (condition d'Engel).*

4. PLUS GRAND IDEAL LOCALEMENT NILPOTENT D'UNE ALGEBRE DE LIE.

(4.1) *Soit* L *une algèbre de Lie engendrée par des éléments* $(x_i)_{i \in I}$ *et* $(y_j)_{j \in J}$. *Si* 1°) *la sous-algèbre engendrée par les* x_i *est nilpotente de classe* C_1 ; 2°) *tous les éléments de la for-*

me $y_j \operatorname{ad} x_{i_1} \operatorname{ad} x_{i_2} \ldots \operatorname{ad} x_{i_k}$ *sont nuls pour* $k \geq C_2$; *3°) Les éléments de la forme* $y_j \operatorname{ad} x_i \ldots \operatorname{ad} x_{i_k}$ *engendrent une sous-algèbre nilpotente de classe* C_3 *, alors* L *est une algèbre nilpotente de classe* $\leq C = \operatorname{Min} (C_1, C_2 C_3)$.

Appliquons en effet (3.1). Il s'agit de montrer que tout polynôme homogène en les x_i et y_j , de degré > C , est nul. Un tel polynôme est la somme d'un polynôme en les x_i de degré > C , et d'un polynôme en les $z_{j, i_1, \ldots, i_k} = y_j \operatorname{ad} x_i, \ldots \operatorname{ad} x_{i_k}$, de poids > C . Or, puisque les seuls éléments $z_{j, i_1, \ldots, i_k}$ non nuls sont ceux pour lesquels $k < C_2$, le poids d'un monôme en les z est au plus égal au degré multiplié par C_2 .

(4.2) *La somme de deux idéaux localement nilpotents d'une algèbre de Lie est un idéal localement nilpotent.*

Soient M et N les deux idéaux localement nilpotents. Pour montrer que M + N est localement nilpotent, il suffit de montrer qu'une partie finie (x_i) de M et une partie finie (y_j) de N engendrent une sous-algèbre nilpotente. Nous pouvons appliquer (4.1). En effet, les (x_i) et les $[y_j, x_i]$ constituent une partie finie de M , donc engendrent une sous-algèbre nilpotente. Nous avons donc $y_j \operatorname{ad} x_i, \ldots \operatorname{ad} x_{i_k} = 0$ pour k assez grand. Les $y_j \operatorname{ad} x_{i_1} \ldots \operatorname{ad} x_{i_k}$ non nuls sont en nombre fini, et appartiennent à N . Ils engendrent donc une sous-algèbre nilpotente.

(4.3) *Toute algèbre de Lie* L *contient un plus grand idéal localement nilpotent* R(L) .

Cela résulte de (4.2), car la réunion d'une famille croissante d'idéaux localement nilpotents est un idéal localement nilpotent.

Les propositions (4.1), (4.2) et (4.3) se démontrent dans le cas des groupes par une méthode analogue.

5. MONOMES BASIQUES.

Soit $\{x_1,\ldots,x_r\} = X_o$ un ensemble fini. Désignons par M l'ensemble de tous les monômes en les x_i (il s'agit des monômes libres, ne vérifiant aucune relation; cf. n°2). Nous allons choisir une suite d'éléments $b_1,\ldots,b_n,\ldots \in M$ et de parties $X_o, X_1,\ldots,X_n,\ldots \subset M$, vérifiant les conditions suivantes : 1) b_i est un élément de degré minimum dans X_{i-1} ; 2) X_i est constitué par les éléments $y, (y \circ b_i), ((y \circ b_i) \circ b_i),\ldots,(\ldots(y \circ b_i) \circ \ldots, \circ b_i),\ldots$, où y parcourt $X_{i-1} - \{b_i\}$.

Un tel choix est évidemment possible. Les parties $X_1,\ldots,X_n,\ldots$ sont infinis (si $r \geq 2$), mais ne contiennent chacune qu'un nombre fini de monômes de degré donné. De plus, en passant de X_n à X_{n+1} ou bien le degré minimum des éléments augmente strictement, ou bien le nombre des éléments de degré minimum diminue de 1. Il en résulte que le degré minimum des éléments de X_n tend vers l'infini avec n.

Supposons choisie la suite de monômes (b_n) en les (x_i). Nous allons appliquer (3.1) et (3.2), en remplaçant respectivement l'opération $u \circ v$ par $[u,v]$ et uv-vu.

Considérons *donc une algèbre de Lie libre* L engendrée par $y_1,\ldots,y_r$. Aux monômes libres b_n correspondent des monômes de Lie C_n en les y_i. Aux parties X_n correspondent des ensembles de monômes Y_n.

(5.1) *Pour tout* n , L *est la somme directe du sous-module libre engendré par* $C_1,\ldots,C_n$ *et de la sous-algèbre libre engendrée par les éléments de* Y_n.

Démonstration par récurrence sur n au moyen de (3.1), en remarquant que une algèbre de Lie libre à 1 générateurs a se réduit au module libre Ω. a.

(5.2) *Les éléments* $C_1,\ldots,C_n,\ldots$ *constituent une base de* L .

En effet les (C_n) sont linéairement indépendants sur Ω , et ils engendrent L d'après (5.1), car les degrés des éléments de la sous-algèbre engendrée par Y_n tendent vers l'infini avec n . Les sous-algèbres engendrées par les Y_n sont des idéaux de L .

Considérons maintenant une *algèbre associative* libre A , engendrée par $z_1,\ldots,z_r$. Aux monômes libres b_n correspondent des polynômes homogènes d_n . Aux parties X_n correspondent des ensembles de polynômes Z_n .

(5.3) *Pour tout* n , A *est, en tant que module, produit tensoriel d'un module libre ayant pour base les éléments* $d_1^{a1} d_2^{a2} \ldots d_n^{an}$ (*où* $(a_1,\ldots,a_n)$ *sont toutes les suites d'entiers* ≥ 0) *et de la sous-algèbre libre engendrée par les éléments de* Z_n .

Démonstration par récurrence à partir de (3.2), en remarquant que l'algèbre associative libre à 1 générateur x est l'algèbre de polynômes Ω [x] .

(5.4) *Les éléments* $d_1^{a1} d_2^{a2}\ldots d_n^{an}\ldots$, *où* $a_1,\ldots,a_n,\ldots$ *sont des entiers* ≥ 0 , *presque tous nuls, constituent une base de* A .

En effet ils sont linéairement indépendants, et ils engendrent A parce que les éléments à terme constant nul de la sous-algèbre engendrée par Z_n ont des degrés qui tendent vers l'infini avec n .

Considérons maintenant l'homomorphisme ϕ : L $\longrightarrow$ A défini par $\phi(y_i) = z_i$. Nous avons $\phi(C_n) = d_n$, et ϕ applique une base de L sur une famille libre d'éléments de A ; ϕ est donc injectif.

(5.5) *La sous-algèbre de Lie* L *de* A *engendrée par* $z_1,\ldots,z_r$ *est libre.* L *est facteur direct de* A *et les éléments* $a_1,\ldots,a_n,\ldots$ *constituent une base de* L .

Nous avons ainsi démontré le théorème de Birkhoff-Witt dans le cas d'un nombre fini de générateurs. Cette restriction se lève immédiatement en considérant les sous-algèbres de type fini.

6. ALGEBRES DE LIE VERIFIANT LA CONDITION D'ENGEL.

Considérons une algèbre de Lie L vérifiant la condition d'Engel : quels que soient $x, y \in L$, il existe un entier n tel que $x.(ady)^n = 0$.

Soient $y_1, \dots, y_r$ des éléments de L . Calculons, comme en (5.1) les monômes $C_1, \dots, C_n, \dots$ en $y_1, \dots, y_r$, ainsi que les parties y_n . Alors, pour tout n , les éléments de Y_n sont nuls, sauf un nombre fini d'entre eux (récurrence sur n).

Soit R(L) le plus grand idéal localement nilpotent de L . Supposons que $y_1, \dots, y_r$ engendrent une sous-algèbre localement nilpotente modulo R(L) . Alors, puisque les éléments de Y_n sont des monômes en les y dont les degrés tendent vers l'infini avec n , il existe n tel que $Y_n \subset R(L)$. Soient a et b le degré minimum et le degré maximum en les y des éléments non nuls de Y_n . Tout monôme en les y de degré $c > a$ est une combinaison linéaire de monômes en les éléments de Y_n , de degré $\geq [\frac{c}{b}]$.

Puisque R(L) est localement nilpotent, ces monômes sont nuls quand c est assez grand, donc $y_1, \dots, y_r$ engendrent une sous-algèbre nilpotente. D'où :

(6.1) *Dans une algèbre de Lie* L *vérifiant la condition d'Engel,* $R(L/R(L)) = 0$.

Ce résultat est faux pour les algèbres de Lie générales : il suffit de considérer une algèbre résoluble non nilpotente, par exemple de dimension 2 .

B I B L I O G R A P H I E .

[1] Bourbaki N. Groupes et algèbres de Lie, Chap.I (Hermann 1960).

[2] Gruenberg K. The Engel éléments of a soluble group, Illinois journ. of Mat., 3 (1959), 151-168.

[3] Hall P. Some sufficient conditions for a group to be nilpotent, Illinois journ. of Mat. 2 (1958), 787-801

[4] Hausdorff F. Die symbolische Exponentialformel in der Gruppentheorie, Ber.Sächs.Ges. 58 (1906), 19-48.

[5] Higman G. Le problème de Burnside, Colloque d'algèbre supérieure. CBRM (1956).

[6] Kostrikin A.I. Sur le problème de Burnside, Izvest. Ak. N. S.S.S.R., ser.mat., 23 (1959), 3-34.

[7] " Sur la liaison entre les groupes périodiques et les anneaux de Lie, Izvest. Ak. N. S.S.S.R. ser.mat., 21 (1957), 289-310.

[8] Lazard M. Sur les groupes nilpotents et les anneaux de Lie, Ann. Ecole Norm. Sup. 71 (1954), 101-190.

[9] " Lois de groupes et analyseurs, Ann. Ecole Norm. Sup. 72 (1955), 299-400.

[10] Magnus W. A connection between the Baker-Hausdorff formula and a problem of Burnside, Ann. of Mat. 52 (1950), 111-126.

[11] Novikov P.S. Sur les groupes périodiques, Dok. Ak. N. S.S.S.R. 127 (1959), 749.

[12] Sanov I.N. Sur une liaison entre les groupes périodiques dont la période est un nombre premier et des anneaux de Lie, Izvest. Ak. N. S.S.S.R. ser.mat. 15 (1952),23-58.

CENTRO INTERNAZIONALE MATEMATICO ESTIVO
(C.I.M.E.)

J. T I T S

SUR LES GROUPES ALGEBRIQUES AFFINS.
THEOREMES FONDAMENTAUX DE STRUCTURE.
CLASSIFICATION DES GROUPES SEMISIMPLES ET GEOMETRIES ASSOCIEES.

ROMA - Istituto Matematico dell'Università - 1960

J.Tits

AVANT-PROPOS

Les notes qui suivent reprennent, dans l'essentiel, la matière de huit leçons faites au C.I.M.E. en septembre 1959, et concernant principalement les résultats fondamentaux de A.Borel sur la structure des groupes algébriques affines (nous dirons "affins") [2], les importants travaux de C.Chevalley donnant la classification des groupes semi-simples [4], et des recherches de l'auteur relatives à l'interprétation géométrique de ces groupes (cf. la bibliographie). Celles-ci ont déterminé, dans une assez large mesure, la perspective dans laquelle se place l'ensemble de l'exposé et le choix des résultats qui en font l'objet.

Il n'était pas possible, dans ce cadre restreint, de donner des démonstrations complètes de tous les résultats énoncés, ni même de la majeure partie d'entre eux (1). Les démonstrations, détaillées ou seulement esquissées, que comporte l'exposé, ont généralement pour but - surtout aux chapitres III et IV - de faire apparaître des liens entre les divers résultats, plutôt que d'établir ceux-ci à partir de "choses connues". Nous avons ainsi été amenés, lorsque cela nous paraissait profitable à la clarté de l'exposé, à adopter un ordre de présentation des propriétés parfois très différent de celui qui conviendrait à un traitement plus strictement déductif.

---

(1) Pour les résultats dûs à A.Borel et à C.Chevalley, des démonstrations complètes peuvent être trouvées dans les articles cités. En ce qui concerne les résultats obtenus par l'auteur, on peut aussi se reporter aux articles mentionnés dans la bibliographie, bien que ceux-ci ne renferment que des indications assez incomplètes; un exposé d'ensemble de ces résultats est en préparation.

- II -

J.Tits

Dans l'ensemble, nous nous sommes surtout attachés à faire ressortir l'aspect "groupal", plutôt que l'aspect algébro-géométrique, des questions étudiées. En particulier, il nous est arrivé de passer sous silence certaines difficultés, spécifiquement algébro-géométriques, en admettant notamment comme "intuitivement évidentes" des propriétés qui, en fait, sont difficiles à établir, au moins en caractéristique p. De façon générale, l'exposé a été conçu en fonction d'auditeurs familiers avec la géométrie algébrique "classique".

L'exposé oral se terminait par un aperçu très bref de généralisations relatives notamment au cas d'un corps non algébriquement clos, et à la possibilité d'associer des classes de géométries à tout diagramme formé de sommets reliés deux à deux par des traits de multiplicités arbitraires. Il n'a pas paru utile de le reprendre ici. On trouvera en effet dans [9] et [10] des indications déjà plus détaillées, quoique encore très générales, sur ces questions.

Le chapitre IV du présent texte a été rédigé alors que les trois premiers chapitres étaient déjà polycopiés. Il en résulte quelques incohérences dans les notations et la terminologie, qui ne semblent toutefois pas devoir compromettre la bonne compréhension de l'exposé.

Nous sommes heureux d'exprimer notre reconnaissance aux responsables du C.I.M.E., et particulièrement à M. le professeur G.Zappa, pour l'aimable invitation qu'ils nous ont adressée et pour la patience dont ils ont fait preuve dans l'attente - fort longue - du présent texte. Une première rédaction de celui-ci, due à MM. V.Checcucci, F.Gherardelli et V.Villani, nous a été fort utile; nous les en remercions très sincèrement.

J.Tits

TABLE DES MATIERES.

J.Tits

CHAPITRE I

GENERALITES SUR LES GROUPES ALGEBRIQUES

§1. NOTIONS INTRODUCTIVES

Soit k un corps algébriquement clos.

On appellera *variété* (algébrique) une variété algébrique projective (complète) définie sur k dont on a éventuellement retranché des sous-variétés (complètes) en nombre fini (cas particulier : les variétés affines)(1). La *topologie de Zariski* sur une variété V est celle qui a pour fermés les sous-variétés de V relativement complètes (i.e. intersections de V avec des variétés complètes); c'est la moins fine parmi les topologies telles que les fonctions rationnelles à valeur dans k (en général définies seulement en dehors de certaines sous-variétés) soient continues, k étant muni de la topologie dont les ouverts non vides sont les complémentaires des ensembles finis.

Un *groupe algébrique* est une variété V dotée d'une structure de groupe telle que les applications

$$V \times V \longrightarrow V \qquad \text{donnée par} \qquad (a,b) \longrightarrow ab$$

et

$$V \longrightarrow V \qquad \text{donnée par} \qquad a \longrightarrow a^{-1}$$

soient rationnelles. Si V est complète, le groupe algébrique est appelé une *variété abélienne*; on verra que dans ce cas, la

---

(1) On pourrait plus généralement considérer des variétés abstraites, mais, pour notre propos, la plus grande généralité ainsi obtenue serait illusoire, en vertu de résultats de I.Barsotti [1] et W.L.Chow [3].

structure de groupe est nécessairement commutative (cf.§4).

Exemples de groupes algébriques :

a) Tous les groupes finis.

b) $k^{\times}$, groupe multiplicatif de k.

c) k^{+}, groupe additif de k.

d) Une cubique plane projective Γ , de genre 1, dotée de la structure de groupe suivante: soit O un point fixe de Γ ; A, B étant deux points quelconques de Γ, on note P le point de Γ aligné avec A et B, et on définit comme somme A + B le point de Γ aligné avec O et P (cf.fig.1).

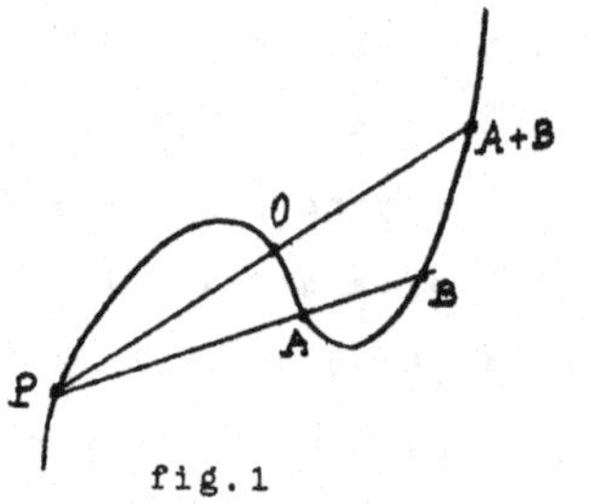

fig.1

e) Gl(n,k), groupe linéaire de l'espace vectoriel de dimension n, sur k.

f) Sl(n,k), groupe linéaire spécial.

g) PGl(n,k), groupe projectif de l'espace projectif de dimension n-1, sur k.

h) O(n,k), groupe orthogonal.

i) Tous sous-groupe de PGl(n,k) caractérisé par le fait de laisser invariante une variété, une correspondance,..., algébrique.

§2. SOUS-GROUPES

Dans un groupe topologique, un sous-groupe V localement fermé, c'est-à-dire intersection d'un ouvert et d'un fermé, est fermé. En effet, soient $\bar{V}$ sont adhérence et a un élément de $\bar{V}$. V est relativement ouvert (par hypothèse) et partout dense dans $\bar{V}$. Il en est de même (par translation dans le groupe) de aV. Par conséquent,

$V \cap aV \neq \emptyset$. Soit $x \in V \cap aV$. On a $x \in V$ et $a^{-1}.x \in V$, d'où $a = x.(a^{-1}.x)^{-1} \in V$. Ce résultat s'applique en particulier aux groupes algébriques avec topologie de Zariski; les sous-ensembles localement fermés sont alors les sous-variétés non nécessairement relativement complètes, donc

PROPOSITION 1. *Un sous-groupe d'un groupe algébrique qui est en même temps une sous-variété algébrique est une sous-variété relativement complète (i.e. est fermé pour la topologie de Zariski).* (Rappelons, à titre de comparaison, qu'un sous-groupe analytique d'un groupe analytique n'est pas nécessairement fermé).

On sait que si G est un groupe topologique et H un sous-groupe fermé, l'espace homogène quotient G/H a une structure topologique naturelle, à savoir, la plus fine des topologies telles que la projection canonique

$$p : G \longrightarrow G/H$$

soit continue. (L'existence d'une topologie sur G/H telle que p soit continue caractérise d'ailleurs les sous-groupes fermés; c'est une des raisons de l'importance de ceux-ci). De plus, G opère continûment sur G/H, c'est-à-dire que l'application canonique

$$\pi : G \times G/H \longrightarrow G/H$$

est continue. On a un résultat analogue pour les groupes algébriques :

PROPOSITION 2. *Soient* G *un groupe algébrique et* H *un sous-groupe fermé. L'espace quotient* G/H *a une structure naturelle de variété algébrique, caractérisée par la propriété que les fonctions rationnelles sur cette variété ont pour images réciproques, relativement à l'application canonique*

$$p \; : \quad G \longrightarrow G/H \; ,$$

toutes les fonctions rationnelles sur G *qui sont constantes sur les classes latérales de H (images réciproques des points de* G/H*). Avec cette structure,* p *est rationnelle, et il en est de même de l'application canonique*

$$\pi \; : \quad G \times G/H \longrightarrow G/H$$

(i.e. G *"opère rationnellement" sur* G/H*).*

Une étape essentielle de la démonstration [(1)] (que nous ne donnons pas) consiste à montrer que les fonctions rationnelles constantes sur les classes latérales de H sont en "nombre suffisant" pour "séparer" les points de G/H, c'est-à-dire qu'il existe une fonction prenant des valeurs distinctes sur deux classes latérales données arbitrairement.

§3. SOUS-GROUPES INVARIANTS

3.1. GENERALITES.

PROPOSITION 3. *Soient* G *un groupe algébrique et* H *un sous-groupe fermé invariant. Alors le groupe* G/H, *avec la structure de variété algébrique dont il est question dans la proposition 2, est un groupe algébrique.*

C'est une conséquence de la proposition 2. Considérons par exemple l'application

$$G/H \times G/H \longrightarrow G/H$$

---

(1) Etant donné que nous nous sommes restreints à priori à la considération de variétés projectives, la proposition 2 groupe en fait deux théorèmes habituellement séparés dans la littérature, le premier affirmant que G/H est une variété abstraite - c'est à ce premier point que se rapporte notre remarque sur "une étape essentiel-

./.

définissant la structure de groupe de G/H. Pour montrer qu'elle est rationnelle, il suffit de montrer que l'image réciproque d'une fonction rationnelle de G/H est une fonction rationnelle de G/H $\times$ G/H, ce qui se déduit facilement du diagramme commutatif

$$\begin{array}{ccc} G \times G/H & \longrightarrow & G/H \\ & \searrow \quad \nearrow & \\ & G/H \times G/H & \end{array}$$

Lorsqu'on parle d'*homomorphismes* de groupes algébriques, il s'agit toujours d'homomorphismes des structures de groupes qui sont en même temps des applications rationnelles.

Dans le cas des groupes "abstraits", on sait que si on a un épimorphisme (homomorphisme surjectif) d'un groupe G sur un groupe G', G' est isomorphe au quotient de G par le noyau de l'épimorphisme. La même chose est vraie par exemple pour les groupes de Lie. Elle l'est aussi pour les groupes algébriques, *mais seulement en caractéristique* 0 :

PROPOSITION 4. *Soient* k *un corps de caractéristique* 0, G, G' *deux groupes algébriques et* ϕ : G $\longrightarrow$ G' *un épimorphisme. Alors* Ker.ϕ *(noyau de* ϕ *) est fermé et l'application canonique* G/Ker.ϕ $\longrightarrow$ G' *est un isomorphisme de groupes algébriques. En particulier, tout homomorphisme bijectif (i.e. biunivoque) est un isomorphisme.*

En caractéristique p, la situation est bien différente ainsi que le montrent les exemples suivants.

---

le..." - et le second, théorème difficile de W.L.Chow [3], établissant que cette variété est projective.

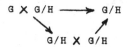

EXEMPLES :

1. Soit k de caractéristique p. L'application

$$x \longrightarrow x^p \qquad (x \in k)$$

de la droite affine sur elle-même, est bijective et rationnelle, mais non birationnelle.

2. Soient k de caractéristique 2, Γ une conique et θ_Γ le groupe projectif de cette conique (groupe projectif orthogonal). Les tangentes à Γ passent toutes par un même point P, et peuvent de ce fait être considérées abstraitement comme les points d'une droite projective γ; soit θ_γ le groupe projectif de cette droite. θ_Γ opère sur les tangentes à Γ, donc sur γ, ce qui établit un isomorphisme entre les groupes abstraits θ_Γ et θ_γ, lequel est rationnel seulement dans le sens $\theta_\Gamma \longrightarrow \theta_\gamma$ (de même que la bijection $\Gamma \longrightarrow \gamma$ définie par la projection à partir de P est rationnelle mais non birationnelle). Par ailleurs, il faut noter que, Γ étant birationnellement équivalente à une droite projective, les groupes θ_Γ et θ_γ sont aussi isomorphes en tant que groupes algébriques, c'est-à-dire qu'on a affaire ici, comme dans l'exemple précédent, à un *endomorphisme rationnel et bijectif, mais non birationnel,* d'un groupe algébrique. L'exemple suivant, par contre, concerne deux groupes non isomorphes en tant que groupes algébriques.

3. Cet exemple est une généralisation du précédent. Soient k de caractéristique 2, Γ une hyperquadrique dans un espace projectif de dimension paire 2m, θ_Γ le groupe projectif de cette hyperquadrique (groupe projectif orthogonal).

Les hyperplans tangents à Γ passent tous par un même point P. Les droites passant par ce point peuvent être vues abstraitement comme les points d'un espace projectif γ à 2m-1 dimension. θ_Γ opère sur γ et on peut voir qu'il induit sur γ le groupe projectif symplectique PSp(2m), ce qui établit un homomorphisme (rationnel) bijectif $\theta_\Gamma \longrightarrow PSp(2m)$. Les groupes θ_Γ et PSp(2m) ne sont pas birationnellement isomorphes.

3.2. COMPOSANTE CONNEXE DE L'ELEMENT NEUTRE.

La variété sous-jacente d'un groupe algébrique G est homogène c'est-à-dire qu'elle possède un groupe transitif de transformations birationnelles et birégulières (à savoir, par exemple, le groupe des translations à gauche $x \longrightarrow xa$). Il s'ensuit en particulier que ses composantes irréductibles sont disjointes, donc ouvertes pour la topologie de Zariski, et que ce sont par conséquent aussi les composantes connexes de G. Parmi elles, la composante qui contient l'élément neutre est un sous-groupe invariant de G; c'est le plus petit sous-groupe invariant G_0 tel que G/G_0 soit discret, donc fini (puisque algébrique).

3.3. GROUPE DERIVE'.

Le *dérivé* G' d'un groupe G est le sous-groupe engendré par tous les commutateurs $x.y.x^{-1}.y^{-1}$ $(x, y \in G)$; c'est le plus petit sous-groupe invariant H tel que G/H soit commutatif. Le *dérivé topologique* $\overline{G'}$ d'un groupe topologique G est l'adhérence de son dérivé G'; c'est le plus petit sous-groupe invariant fermé H tel que G/H soit commutatif. Nous verrons plus loin (proposition 5) que dans le cas d'un groupe G algébrique, les deux notions coïncident, c'est-à-dire que le dérivé G' est toujours fermé. Il n'en est pas de même pour les groupes topologiques en général, ni même pour les groupes de Lie, ainsi que le montre l'exemple suivant.

Exemple d'un groupe de Lie dont le dérivé n'est pas fermé.

Soit H un groupe de Lie qui soit son propre dérivé ($H = \overline{H'}$), et dont le centre C(H) renferme un sous-groupe isomorphe au groupe additif Z des entiers (exemple: le revêtement universel de PSl(2,R), groupe projectif de la droite réelle), et soit c le générateur d'un tel sous-groupe, c'est-à-dire un élément non périodique de C(H). Désignons par T = R/Z le groupe des nombres réels mod. 1, et par t un élément non périodique de ce groupe (i.e. un nombre irrationnel mod. 1). Considérons dans le produit $H \times T$ le sous-groupe Γ formé par les éléments (c^i, t^i) $(i \in Z)$, et posons $G = (H \times T)/\Gamma$. Soit

$$\phi \; : \; H \times T \longrightarrow G$$

l'homomorphisme canonique de $H \times T$ sur G. Le dérivé G' de G est l'image par ϕ du dérivé de $H \times T$, c'est-à-dire de $H \times \{0_T\}$ où 0_T représente l'élément neutre de T. Je dis que G' est partout dense dans G ($\overline{G'} = G$) sans être G lui-même ($G' \neq G$). Pour l'établir, il suffit de montrer que $\phi^{-1}(G')$ est partout dense dans $H \times T$ sans être $H \times T$ lui-même. Or on a, en désignant par Δ le sous-groupe partout dense de T engendré par t,

$$\phi^{-1}(G') = \phi^{-1}(\phi(H \times \{0_T\})) = (H \times \{0_T\}).\Gamma = H \times \Delta \; ,$$

d'où la proposition résulte immédiatement.

PROPOSITION 5. *Le dérivé* G' *d'un groupe algébrique* G *est fermé* ($G' = \overline{G'}$).

On supposera pour commencer que G est connexe. Soit

$$\phi \; : \; G \times G \longrightarrow G \; ,$$

l'application donnée par

$$(x,y) \longrightarrow x.y.x^{-1}.y^{-1}.$$

Posons $\phi(G) = U$. On a $U^{-1} = U$. Considérons la suite

$$U \subseteq U^2 \subseteq U^3 \subseteq \ldots \subseteq U^n \subseteq \ldots \subseteq U^\infty = \bigcup U^n = G' ,$$

où $U^n = U.U^{n-1}$ (au sens de la multiplication des parties dans un groupe). La dimension (1) des U^i est croissante, donc stationnaire à partir d'une certaine valeur n de i. Mais alors, $\overline{G'}$ étant un sous-groupe fermé connexe (donc irréductible) de G, on doit avoir pour tout $n \geq i$, $\overline{U^i} = \overline{G'}$. Cela étant, nous allons montrer que $U^{2n} = \overline{G'}$, d'où $G' = \overline{G'}$. En effet, soit $a \in \overline{G'}$. L'ensemble U^n, dont l'adhérence est $\overline{G'}$, renferme une sous-variété relativement ouverte et partout dense dans $\overline{G'}$ (cf. la note au bas), et il en est de même de aU^n. Par conséquent, $U^n \cap aU^n \neq \emptyset$. Soit $x \in U^n \cap aU^n$. On a $x \in U^n$ et $a^{-1}.x \in U^n$, d'où $a = x.(a^{-1}.x)^{-1} \in U^{2n}$. (On notera que ce raisonnement est tout à fait analogue à celui par lequel a été établie la proposition 1).

Pour démontrer la proposition dans le cas où G n'est pas con-

---

(1) L'ensemble U^i n'est généralement pas une sous-variété (i.e. une partie localement fermée) de G, cependant - et c'est ce qui permet de parler de sa dimension - il est toujours la réunion d'une sous-variété et d'une partie de l'adhérence de celle-ci; cela résulte du fait que l'image d'un tel ensemble (et en particulier d'une variété) par une application rationnelle est encore un ensemble de ce type. Un exemple d'une variété dont l'image par une application rationnelle n'est plus une variété est fourni par une quadrique privée d'un de ses points P, et projetée de ce point sur un plan ne passant pas par P; l'image est ici un plan affin plus deux points à l'infini de ce plan. Il y a lieu de noter, cependant, que l'image d'une variété *complète* par une application rationnelle est une variété (complète); cela résulte de ce qu'on vient de voir, et du fait que cette image est fermée (comme image continue d'un espace compact).

nexe, on utilise le lemme suivant (qui ne sera pas démontré ici):

LEMME 1 (R.BAER) : *Soient* G *un groupe et* G_0 *un sous-groupe invariant d'indice fini de* G. *Le groupe* (G, G_0), *engendré par les commutateurs* $x.y.x^{-1}.y^{-1}$ $(x \in G,\ y \in G_0)$, *est un sous-groupe d'indice fini de* $G' = (G,G)$.

Dans le cas qui nous occupe, G_0 sera la composante connexe de l'élément neutre de G. Désignons par G_i $(i = 1, 2,\ldots,r)$ les autres composantes connexes de G et posons

$$V_i = \phi(G_0 \times G_i) = \{x.y.x^{-1}.y^{-1} \mid x \in G_0,\ y \in G_i\}\ , \quad (i = 0,1,..,r)$$

$$V = V_0 \cdot V_1 \cdot \ldots \cdot V_r$$

$$U = V.V^{-1}\ .$$

En procédant exactement comme dans le cas connexe, on montre que, pour m suffisemment élevé, $U^m = (G, G_0)$, et que ce groupe est fermé dans G. Il en est donc de même de $G' = (G,G)$ qui, en vertu du lemme précédent, est constitué d'un nombre fini de classes latérales de (G,G_0). Ce qui achève la démonstration.

De la proposition 5, on déduit par récurrence que tous les termes de la suite des dérivés successifs

$$(1) \qquad G \supseteq G' \supseteq G'' \supseteq \ldots \supseteq G^{(n)} \supseteq \ldots \qquad (G^{(n)} = G^{(n-1)}, G^{(n-1)}))$$

d'un groupe algébrique G, sont des sous-groupes fermés de G. Utilisant un résultat de R.Baer un peu plus fort que le lemme ci-dessus, on peut montrer qu'il en est de même des termes de la suite-centrale descendante

$$(2) \qquad G = G_0 \supseteq G_1 \supseteq G_2 \supseteq \ldots \supseteq G_n \supseteq \ldots \qquad (G_n = (G, G_{n-1}))\ .$$

(De façon générale, le commutateur (A,B) de deux sous-groupes invariants fermés A,B d'un groupe algébrique, est fermé). Rappelons qu'un groupe est dit *résoluble* (resp. *nilpotent*) si tous les termes de la suite (1) (resp.(2)) sont réduits à l'élément neutre à partir d'un certain rang.

3.4. CENTRE.

Il est clair que le centre d'un groupe algébrique (ou, plus généralement, d'un groupe topologique quelconque) est un sous-groupe fermé.

La proposition suivante est valable quel que soit le groupe topologique G connexe, donc en particulier si G est un groupe algébrique connexe :

PROPOSITION 6. *Soit* G *un groupe connexe. Tout sous-groupe invariant discret (i.e. fini, dans le cas algébrique) de* G *est central.*

En effet, soit en H un tel sous-groupe, h un élément fixe quelconque de H, et $\phi : G \longrightarrow H$ l'application continue définie par

$$\phi(g) = g.h.g^{-1}.h^{-1} \qquad (g \in G) .$$

G étant connexe et H étant discret, $\phi(G)$ doit être réduite à un point, or $\phi(e) = e$ (si e désigne l'élément neutre de G), donc $\phi(G) = e$, c'est-à-dire que $g.h.g^{-1}.h^{-1} = e$ pour tout g, c.q.f.d.

§4. VARIETES ABELIENNES ET GROUPES AFFINS

Un groupe algébrique G est appelé *variété abélienne* si la variété algébrique sous-jacente est une variété complète connexe, et *groupe affin* si c'est une variété affine, c'est-à-dire une sous-variété fermée (i.e. relativement complète) d'un espace affin. La théorie des variétés abéliennes et la théorie des groupes affins apparaissent à divers égards comme complémentaires l'une de l'autre; en particulier, alors que la première relève principalement de la géométrie algébrique, son contenu "groupal" étant réduit à peu de chose (théorème 1 ci-dessous), la seconde est surtout intéressante au point de vue de la théorie des groupes (théorème 3); d'autre part, tout groupe algébrique connexe se "décompose" en une "partie abélienne" et une "partie affine" (théorème 4). L'étude des groupes affins n'est autre que celle des groupes algébriques linéaires (théorème 2).

THEOREME 1. *Les variétés abéliennes sont des groupes commutatifs.*

En effet, soit en G une variété abélienne de dimension r et

$$\phi \; : \; G \times G \longrightarrow G \times G$$

l'application donnée par

$$\phi(x,y) = (x, y^{-1}.x.y)$$

Soit $U = \phi(G \times G)$. U contient évidemment la diagonale Δ de $G \times G$ (il suffit de faire $y = e =$ élément neutre); en particulier $\dim U \geq r$. De plus, U, image d'une variété complète par une application rationnelle, est une variété complète. Considérons dans $G \times G$ la sous-variété $\{e\} \times G$, de dimension r. On vérifie immédiatement que l'intersection $U \cap (\{e\} \times G)$ se réduit au point (e,e), d'où il résulte, pour raisons de dimension, que $\dim U \leq r$ [(1)].
Par conséquent $\dim U = r$, et comme U est irréductible, $U = \Delta$, d'où $x = y^{-1}.x.y$ pour tout x et tout y, c.q.f.d.

THEOREME 2. *Un groupe algébrique est affin si et seulement s'il possède une représentation linéairement birationnelle. c'est-à-dire*

---

(1) On utilise le "Théorème de dimension" d'après lequel, si deux sous-variétés U et V d'une variété W ont en commun un point simple de W, $\dim (U \cap V) + \dim W \geq \dim U + \dim V$.

s'il est isomorphe (en tant que groupe algébrique) à un sous-groupe fermé d'un Gl(n,k). *En d'autres termes, il y a identité entre les deux notions de groupe algébrique affin, et de groupe algébrique linéaire.*

DEMONSTRATION. Remarquons d'emblée que Gl(n,k), donc aussi tout sous-groupe fermé de Gl(n,k), est un groupe affin. En effet, on obtient une réalisation de Gl(n,k) comme sous-variété fermée d'un espace affin de dimension $n^2 + 1$, en représentant la matrice $||x_{ij}|| \in$ Gl(n,k) (dét $||x_{ij}|| \neq 0$) par le point de coordonnées $(x_{11}, x_{12}, \ldots, x_{nn}, z)$, avec

$$z = \frac{1}{\text{dét}\,||x_{ij}||}.$$

Réciproquement, nous allons montrer que tout groupe affin G possède une représentation (birationnelle) sur un sous-groupe fermé d'un Gl(N,k). Par hypothèse, G est une sous-variété fermée d'un espace affin dont nous désignerons la dimension par n , et dans lequel nous choisirons un système de coordonnées $\xi_1, \ldots, \xi_n$ (les ξ_i sont des fonctions rationnelles sur G). Pour tout élément $g \in G$, la "translation à droite"

$$x \longrightarrow g^{-1}.x$$

transforme toute fonction rationnelle f de G en une fonction fg définie $fg(x) = f(gx)$ $(x \in G)$. Si on désigne par $\gamma(g)$: $f \longrightarrow fg$ l'automorphisme ainsi défini de l'espace vectoriel des fonctions rationnelles de G, γ : $g \longrightarrow \gamma(g)$ est une représentation linéaire (de dimension infinie) de G. Considérons à présent l'espace vectoriel engendré par toutes les fonctions $\xi_i g$ $(i = 1, \ldots, n;\ g \in G)$, c'est-à-dire le plus petit espace vectoriel contenant les ξ_i et invariant par $\gamma(G)$. Nous allons montrer que la dimension de E est finie, et que la représentation de G dans E induite par γ, représentation que nous désignerons par γ_E, est fidèle et birationnelle.

Le fait que E est de dimension finie résulte immédiatement de l'observation que, G étant une variété affine $\xi_i g(x) = \xi_i(gx)$ est une polynome en les coordonnées $x_i = \xi_i(x)$ et $y_i = \xi_i(g)$, et par conséquent combinaison linéaire d'un nombre fini de polynomes en les x_i seulement (i.e. indépendants de g).

Il est clair que γ_E est fidèle, en effet, si $g \neq e$, $gx \neq x$, donc l'une au moins des fonctions coordonnées ξ_i n'est pas invariante par g.

Il est assez évident que la représentation γ_E est rationnelle. Il nous reste à montrer la réciproque, à savoir que si on pose $\gamma(g) = ||\gamma_{\alpha\beta}(g)||$ (par rapport à une base fixée dans E), les coordonnées $y_i = \xi_i(g)$ de g sont des fonctions rationnelles des $\gamma_{\alpha\beta}(g)$. Or, soient a_α les coordonnées de ξ_i (par rapport à la base choisie dans E). Les coordonnées de $\xi_i g$ sont $\Sigma\gamma_{\alpha\beta}(g)a_\beta$. D'autre part, la fonctionnelle qui associe à tout élément de E, considéré comme fonction sur G, la valeur de cette fonction au point e, est une forme linéaire sur E, et si on désigne par b_α les coefficients de cette forme, on a

$$y_i = \xi_i(g) = \xi_i g(e) = \Sigma\gamma_{\alpha\beta}(g)a_\beta b_\alpha ,$$

ce qui achève la démonstration du théorème.

REMARQUE. Il est intéressant de noter que PGl(n,k), donc tout sous-groupe fermé de PGl(n,k), est aussi un groupe affin. En effet, les éléments de PGl(n,k) sont les matrices non singulières $||x_{ij}||$ $(i,j = 1,\dots,n)$ dont les éléments $||x_{ij}||$ sont donnés à un facteur de proportionnalité près; ils peuvent donc être représentés par les points d'un espace projectif P de dimension n^2-1, à l'exception des points appartenant à l'hypersurface dét. $||x_{ij}|| = 0$. Pour obtenir la réalisation de P comme variété affine il suffit alors de considérer le modèle projectif de P obtenu à partir des formes d'ordre n (i.e. le modèle dans lequel les hypersurfaces d'ordre n de P deviennent les sections hyperplanes), et de prendre pour hyperplan à l'infini celui qui correspond à la forme dét. $||x_{ij}||$.

Nous nous bornerons à énoncer les deux théorèmes suivants :

THEOREME 3. *La variété sous-jacente d'un groupe affin connexe est une variété rationnelle.*

THEOREME 4. (Barsotti-Chevalley-Rosenlicht) *Tout groupe algébrique connexe* G *possède un unique sous-groupe invariant affin* L *tel que* G/L *soit une variété abélienne.*

CHAPITRE II

LES GROUPES AFFINS : THEOREMES DE STRUCTURE; SOUS-GROUPES DE BOREL

§1. PRELIMINAIRES: COMPLEMENTS AUX PROPOSITIONS 1 ET 3.

Il résulte immédiatement de la proposition 1 qu'*un sous-groupe fermé d'un groupe affin est lui-même un groupe affin.* On peut montrer, d'autre part, que *le groupe quotient d'un groupe affin par un sous-groupe invariant fermé est un groupe affin.* Il n'est pas vrai par contre que l'espace homogène quotient d'un groupe affin par un sous-groupe fermé quelconque soit toujours une variété affine, ainsi que le montre l'exemple de l'espace projectif, espace homogène du groupe projectif PGl(n,k) (lequel, comme nous l'avons vu, est un groupe affin).

§2. GROUPES ALGEBRIQUES DE TRANSFORMATIONS D'UNE VARIETE COMPLETE.

Lorsque nous dirons qu'un groupe algébrique G *opère* sur une variété X (ou est un groupe algébrique de transformations de X), il sera toujours sous-entendu que l'application

$$G \times X \longrightarrow X \qquad \text{donnée par} \qquad (g, x) \longrightarrow xg$$

est rationnelle.

LEMME 2. *Un groupe algébrique* G *opérant sur une variété complète* X *possède au moins une orbite fermée (i.e. il existe un* $x \in X$ *tel que* xG *soit fermé).*

La démonstration se fait par induction sur la dimension de

X. Si Y est une orbite non fermée de G, $\bar{Y}$ - Y est une variété complète, invariante par G, et de dimension strictement inférieure à la dimension de X; G possède donc une orbite fermée dans cette variété, en vertu de l'hypotèse d'induction.

LEMME 3. *Soit* G *un groupe affin opérant sur une variété complète* X. *Si* G *est résoluble et connexe, il possède un point fixe (i.e. une orbite réduite à un point) dans* X.

La démonstration se fait par induction sur la longueur de la suite des dérivés successifs de G (lorsque G = {e}, le théorème est trivial, donc l'induction démarre effectivement).

L'ensemble E des points fixes de G' (dérivé de G), qui n'est pas vide par l'hypothèse d'induction, est fermé dans X. E étant l'ensemble de tous les points fixes d'un sous-groupe invariant G' de G, est lui-même invariant par G. Soient F une orbite complète de G dans E (cf. lemme 1), p un point de cette orbite, et H le groupe des éléments de G conservant p (groupe d'isotropie). H contient G' (puisque p $\in$ E); par conséquent H est un sous-groupe invariant de G (tout sous-groupe contenant le dérivé est invariant car G/G' est commutatif); il s'ensuit (cf.§1) que G/H est une variété affine (et même un groupe affin). D'autre part, puisque G est transitif sur F et que H est le sous-groupe d'isotropie, on a une application bijective et rationnelle (en caractéristique 0, cela implique "birationnelle") de G/H sur la variété complète F, d'où on peut déduire (utilisant le fait que F est normal - nous laissons de côté cette partie, purement algébro-géométrique, de la démonstration) que G/H est elle-même complète. Etant simultanément complète, connexe et affine, la variété G/H, donc aussi l'orbite F, doit être réduite à un point, c.q.f.d.

§3. STRUCTURE DES GROUPES AFFINS RESOLUBLES CONNEXES.

Soit E un espace vectoriel à n dimensions. On appelle *drapeau* de E une collection $\{E_1, E_2, \ldots, E_{n-1}\}$ formée d'un rayon (droite passant par O) E_1, d'un plan E_2 contenant E_1, d'une variété linéaire E_3 à 3 dimensions contenant $E_2, \ldots$, et d'un hyperplan E_{n-1} contenant E_{n-2}. Si on choisit dans E un système de réference dont le premier vecteur soit dans E_1, le second dans $E_2, \ldots$, les automorphismes de E conservant le drapeau sont représentées par les matrices triangulaires (matrices dont tous les éléments situés sous la diagonale principale sont nulles) inversibles; on désignera par $\Delta(n,k)$ le groupe formé par ces matrices.

PROPOSITION 7. *Soit* G *un groupe algébrique connexe d'automorphismes d'un espace vectoriel* E. *Pour que* G *soit résoluble, il faut et il suffit qu'il laisse invariant un drapeau, c'est-à-dire que tous ses éléments puissent être mis simultanément sous la forme triangulaire, pour un choix convenable du système de référence dans* E. *En particulier, le sous-groupes résolubles connexes maximaux de* Gl(n,k) *sont les stabilisateurs des drapeaux, c'est-à-dire le groupe* $\Delta(n,k)$ *de toutes les matrices triangulaires, et ses conjugués.*

DEMONSTRATION: G opère sur la variété des drapeaux de E qui est une variété projective complète. S'il est résoluble, il laisse donc invariant un drapeau, en vertu du lemme 3. Pour prouver la réciproque, il suffit de montrer que le groupe $\Delta(k,n)$ lui-même (groupe de tous les automorphismes conservant un drapeau) est résoluble, or ce groupe admet la suite normale

$$\Delta(n,k) \supset U_1 \supset U_2 \supset \ldots \supset U_n = \{I_n\} ,$$

où

$$U_1 = \left\{ \begin{pmatrix} 1 & a_{12} & a_{13} & . & . & a_{1n} \\ & 1 & a_{23} & . & . & a_{2n} \\ & & 1 & . & . & a_{3n} \\ & & & . & . & . \\ & & & & 1 & a_{n-1,n} \\ & & & & & 1 \end{pmatrix} \right\}, U_2 = \left\{ \begin{pmatrix} 1 & 0 & a_{13} & . & . & a_{1n} \\ & 1 & 0 & . & . & a_{2n} \\ & & 1 & . & . & a_{3n} \\ & & & . & . & . \\ & & & & 1 & 0 \\ & & & & & 1 \end{pmatrix} \right\}$$

..., I_n = matrice unité,

dont les quotients

$$\Delta(n,k)/U_1 \cong (k^{\times})^n \quad ; \quad U_1/U_2 \cong (k^+)^{n-1} \quad ;$$

$$U_2/U_3 \cong (k^+)^{n-2} \quad ; \ ...$$

sont commutatifs, c.q.f.d.

PROPOSITION 8. *Le dérivé d'un groupe affin résoluble connexe est nilpotent.*

En effet, soit $G \subseteq \Delta(k,n)$ le groupe en question (cf. proposition 7). On a $G' \subseteq \Delta'(k,n) = U_1$. Or, la suite centrale descendante de U_1 n'est autre que

$$U_1 \supset U_2 \supset \ldots \supset U_n = \{I_n\}$$

(avec les notations introduites plus haut), donc U_1, et par conséquent aussi G', est nilpotent.

Nous ne démontrerons pas la

PROPOSITION 9. *Tout groupe affin de dimension* 1 *est isomorphe à* $k^{\times}$ *ou à* k^+.

PROPOSITION 10. *Tout groupe affin résoluble connexe possède une suite de composition dont les quotients sont tous isomorphes à* $k^{\times}$ *ou à* k^+.

En reprenant la démonstration de la proposition 7, on voit que $\Delta(k,n)$ possède une suite de composition

$$\Delta(k,n) \supset T_1 \supset T_2 \supset \cdots \supset T_n = U_1 \supset T_{n+1} \supset \cdots \supset T_{2n-1} = U_2 \supset \cdots$$

dont les n premiers quotients sont isomorphes à $k^\times$ tandis que les autres sont isomorphes à k^+. Soit $G \subseteq \Delta(k,n)$ le groupe considéré dans l'énoncé. Posons $G_i = G \cap T_i$, et désignons par G_i^o la composante connexe de G_i. L'immersion

$$G_i \longrightarrow T_i$$

induit un monomorphisme rationnel

$$G_i/G_{i+1} \longrightarrow T_i/T_{i+1} \cong k^\times \quad \text{ou} \quad k^+ .$$

Il s'ensuit que les quotients G_i/G_{i+1}, donc aussi leurs composantes connexes G_i^o/G_{i+1}^o, ont tous la dimension 1 ou 0. Par conséquent, en vertu de la proposition 9,

$$G_i^o/G_{i+1}^o \cong k^\times , \ k^+ \ \text{ou} \ \{e\} ,$$

et la suite

$$G = G_0^o \supseteq G_1^o \supseteq G_2^o \supseteq \cdots ,$$

ou plus exactement celle qu'on en déduit en supprimant tous les G_i^o tels que $G_i^o \cong G_{i-1}^o$, possède la propriété énoncée.

REMARQUE. Dans la démonstration précédente, on n'a pas utilisé toute la force de la proposition 9, mais seulement le fait qu'un groupe connexe de dimension 1 qui possède une représentation rationnelle fidèle dans $k^\times$ ou k^+ est lui-même isomorphe à $k^\times$ ou k^+.

§4. SOUS-GROUPES DE BOREL. RADICAL.

Soit G un groupe affin connexe. On appelle *sous-groupe de Borel de* G, tout sous-groupe (fermé) résoluble connexe maximal de G. L'existence de tels sous-groupes est évidente.

THEOREME 5. *Soient* G *un groupe affin connexe et* H *un sous-groupe (fermé). Pour que* G/H *soit une variété complète, il faut et il suffit que* H *contienne un sous-groupe de Borel.*

DEMONSTRATION. Soit B un sous-groupe de Borel de G. En tant que sous-groupe de G, il opère sur la variété G/H. Si celle-ci est complète, B possède un point fixe (cf. lemme 3), soit Hg, et on a

$$HgB = Hg \quad ,$$

d'où

$$HgBg^{-1} = H \; ,$$

c'est-à-dire que H contient le sous-groupe de Borel gBg^{-1}.

Réciproquement, supposons que H contienne un sous-groupe de Borel B. Nous pouvons supposer, d'autre part, que G est un groupe algébrique d'automorphismes d'un espace vectoriel E. (théorème 2). G opère sur la variété des drapeaux de E et possède dans celle-ci au moins une orbite complète (lemme 2), soit X. Etant résoluble et connexe, le groupe B possède au moins un point fixe dans X (lemme 3), soit p. Le groupe G_p des éléments de G laissant invariant p (qui est, rappelons-le, un drapeau de E) est résoluble (proposition 7), donc sa composante connexe ne peut être que B (puisque B est, par hypothèse, un sous-groupe résoluble connexe *maximal* de G). Il s'ensuit que G/B est un revêtement fini de G/G_p (car G_p/B, étant un groupe algébrique discret, est fini). D'autre part, G étant transitif sur X avec G_p comme groupe d'isotropie, on a une bijection rationnelle $G/G_p \longrightarrow X$. On peut en déduire que G/G_p est complète, ainsi que son revêtement G/B (comme dans la démonstration du lemme 3, nous laissons de côté cette partie purement algébro-géometrique du raisonnement). Mais il en est alors de même de G/H qui est l'image de G/B par une application rationnelle (en fait, G/B est un espace fibré de base G/H et de fibre H/B).

THEOREME 6. *Les sous-groupes de Borel d'un groupe affin connexe* G *sont tous conjugués entre eux.*

En effet, soient B_1 et B_2 deux sous-groupes de Borel. B_2 opère sur la variété G/B_1, qui est complète en vertu du théorème précédent. Il possède donc (lemme 3) un point fixe sur cette variété, soit B_1g, et on a

$$B_1gB_2 = B_1g \quad ,$$

d'où

$$B_2 \subseteq g^{-1}B_1g \quad .$$

Mais puisque B_2 est maximal, l'inclusion stricte est à rejecter et on doit avoir $B_2 = g^{-1}B_1g$, c.q.f.d.

THEOREME 7. *Le normalisateur* $\mathfrak{N}$B *d'un sous-groupe de Borel* B *coïncide avec* B.

Nous montrerons seulement que la composante connexe $\mathfrak{N}^o$B de $\mathfrak{N}$B coïncide avec B. Pour cela, il suffit de remarquer que la variété $\mathfrak{N}^o$B/B est à la fois complète (théorème 5), affine (car B est un sous-groupe invariant de $\mathfrak{N}^o$B, cf.§1) et connexe, donc réduite à un point.

THEOREME 8. G *est la réunion de ses sous-groupes de Borel, c'est-à-dire que tout élément de* G *appartient à un groupe de Borel au moins.*

Nous nous bornerons à donner la démonstration dans le cas où k est le *corps des nombres complexes.*

Soient $\mathcal{B}$ la réunion des sous-groupes de Borel de G, et B un sous-groupe de Borel donné. L'ensemble $\mathcal{B}$ est l'image de la variété G $\times$ B par l'application

$$G \times B \longrightarrow G \qquad \text{définie par} \qquad (g,b) \longrightarrow gbg^{-1} \ ;$$

il est donc (cf. note au bas de la page 9) la réunion d'une variété $\mathcal{B}^o$ et d'une partie de l'adhérence de Zariski de celle-ci (i.e. $\mathcal{B}^o$ est relativement ouverte et dense dans $\mathcal{B}$). D'autre part, on sait que tout élément de G suffisamment voisin de l'élément neutre (au sens de la topologie usuelle) appartient à un sous-groupe à un paramètre de G, donc aussi à un sous-groupe de Borel (puisque les sous-groupes à un paramètre sont commutatifs, donc résolubles); par conséquent, $\mathcal{B}$ contient un ouvert de G (au sens de la topologie usuelle), et on a dim.$\mathcal{B}$ = dim.$\mathcal{B}^o$ = dim.G. Il s'ensuit, puisque G est une variété irréductible, que $\mathcal{B}^o$, donc aussi $\mathcal{B}$, est partout dense dans G, c'est-à-dire que tout élément $g \in G$ est limite d'une suite d'éléments $g_1, g_2, \ldots, g_i, \ldots$ appartenant tous à $\mathcal{B}$. Chacun des g_i définit une transformation de la variété G/B possédant un point fixe, en vertu du lemme 3 et du fait que g_i appartient à un sous-groupe de Borel. G/B étant une variété complète, donc compacte (pour la topologie usuelle), il en résulte immédiatement, par passage à la limite, que G possède aussi un point fixe dans G/B, soit Bf, et on a

$$Bfg = Bf \quad ,$$

d'où

$$g \in f^{-1}Bf \subseteq \mathcal{B} \quad ,$$

c.q.f.d.

DEFINITIONS. Il est clair que l'intersection R des sous-groupes de Borel d'un groupe affin connexe G est un sous-groupe invariant fermé de G. La composante connexe R^o de ce sous-groupe est appelée le *radical* de G. Un groupe dont le radical est réduit à l'élément neutre est dit *semi-simple*.

THEOREME 9. *Le radical* R^o *de* G *est le sous-groupe invariant résoluble connexe maximum de* G.

En effet, tout sous-groupe invariant résoluble connexe S est contenu dans un sous-groupe de Borel, donc dans tous les sous-groupes de Borel, puisque ceux-ci sont conjugués entre eux et que S coïncide avec ses conjugués.

THEOREME 10. *L'intersection* R *des sous-groupes de Borel de* G *contient le centre* C(G) *de* G. *Si* G *est semi-simple,* R = C(G).

En effet, soit c un élément de C(G). En vertu du théorème 8, c appartient à un sous-groupe de Borel, donc à tous les sous-groupes de Borel puisque ceux-ci sont conjugués entre eux et que c coïncide avec ses conjugués. Si en outre G est semi-simple, R est un sous-groupe invariant discret, donc central (proposition 6, chap.I), et on doit avoir R = C(G).

DEFINITIONS. Dans la suite, le sous-groupe R jouera un rôle plus important que sa composante connexe R^o. Pour cette raison, nous nous écarterons de la terminologie reçue et nous appellerons "*radical*" le groupe R lui-même, en laissant cependant le mot entre guillemets pour éviter toute confusion. De même, nous dirons qu'un groupe est "*semi-simple*" (entre guillemets) si son "radical" est réduit à l'élément neutre; cela signifie, en vertu du théorème précédent, que le groupe en question est semi-simple (au sens ordinaire) et que son centre est réduit à l'élément neutre. Enfin, nous appellerons *quotient "semi-simple"* d'un groupe G, le quotient de G par son *"radical"*.

EXEMPLES. Le "radical" du groupe linéaire Gl(n,k) est constitué par les matrices scalaires; étant connexe, il coïncide avec le radical au sens ordinaire. Le "radical" du groupe linéaire spécial Sl(n,k) est constitué par les matrices scalaires de déterminant 1, c'est-à-dire les matrices scalaires correspondant aux racines n-ièmes de l'unité; son radical, au sens ordinaire, est donc réduit à l'élément neutre (c'est-à-dire que Sl(n,k) est semi-simple, mais non "semi-simple"). Gl(n,k) et Sl(n,k) ont le même quotient "semi-simple" PGl(n,k) (il est opportun de rappeler que k est algébriquement clos).

CHAPITRE III

SOUS-GROUPES CONTENANT UN SOUS-GROUPE DE BOREL, I: CLASSIFICATION DES GROUPES SEMI-SIMPLES.

§1: REMARQUE PRELIMINAIRE.

L'objet de ce chapitre et du suivant peut être caractérisé brièvement comme étant la description des groupes algébriques affins connexes par l'intermédiaire de l'étude des espaces homogènes qui sont des variétés projectives complètes. On a vu (théorème 5) que cette étude est étroitement liée à celle de sous-groupes contenant un sous-groupe de Borel. Notons d'autre part que les seuls groupes intervenant effectivement sont les groupes semi-simples dont le centre est réduit à l'élément neutre (groupes "semi-simples"). En effet, soient G un groupe affin connexe et R son "radical"; si G/H est une variété projective complète, H contient R (en vertu du théorème 5), lequel, étant un sous-groupe invariant de G, opère trivialement sur G/H, d'où il résulte que l'étude des espaces homogènes de G qui sont des variétés complètes fournit seulement une description du quotient "semi-simple" G/R de G, et non du groupe G lui-même.

§2. PREMIER EXEMPLE: LE GROUPE PROJECTIF PGl(n+1,k).

Soit G = PGl(n+1,k) le groupe des projectivités d'un espace projectif $P_n(k)$ de dimension n. Il résulte immédiatement de la proposition 7 qu'un sous-groupe de Borel B de G est constitué par toutes les projectivités laissant invariant un drapeau $D = \{V_1 \subset V_2 \subset V_3 \subset \dots \subset V_n\}$ formé d'un point V_1, d'une droite

V_2 contenant ce point, etc. Soient S_i le stabilisateur de V_i dans G (i.e. le groupe de tous les éléments de G qui conservent V_i), et

$$S_{i_1, i_2, \ldots, i_k} = S_{i_1} \cap S_{i_2} \cap \ldots \cap S_{i_k}$$

$$(i \leq i_1 < i_2 < \ldots < i_k \leq n) ,$$

le stabilisateur du *drapeau partiel* $\{V_{i_1}, V_{i_2}, \ldots, V_{i_k}\}$.

PROPOSITION 11. *Les* $S_{i_1, i_2, \ldots, i_k}$ *sont les seuls sous-groupes de* PGl(n+1,k) *contenant le sous-groupe de Borel* B. *En particulier, les* S_i *sont les seuls sous-groupes maximaux contenant* B.

DEMONSTRATION. Par induction sur n. On supposera la proposition établie pour les espaces projectifs de dimension strictement inférieure à n (le cas n = 0 ne présente pas grande difficulté!). Soit H un sous-groupe de G contenant B. Remarquons tout d'abord que B est transitif sur les ensembles $V_{i+1} - V_i$ ($i = 0,\ldots,n$; on pose $V_0 = \emptyset$ et $V_{n+1} = P_n$). Par conséquent, les orbites de H sont des réunions de tels ensembles. On en déduit immédiatement, que si $V_{i_0} = V_0, V_{i_1}, V_{i_2}, \ldots, V_{i_k}, V_{i_{k+1}} = P_n$ $(1 \leq i_1 < i_2 < \ldots < i_k \leq n)$ désignent celles des variétés V_i qui sont invariantes par H, les orbites de H sont les ensembles $V_{i_{p+1}} - V_{i_p}$ ($p = 0,\ldots, k$), d'ou il résulte en particulier que les V_{i_p} ($p = 1,\ldots,k$) sont les seules sous-variétés linéaires propres de P_n invariantes par H. Nous distinguerons à présent deux cas.

1) H *laisse fixe au moins une sous-variété linéaire propre de* P_n (i.e. $k \neq 0$). Désignons par $P^* = P_n/V_{i_k}$ l'espace projectif à $n-i_k$ dimensions dont les points sont les variétés linéaires à i_k dimensions de P_n qui contiennent V_{i_k}, par H^o (resp. B^o) le sous-groupe des éléments de H (resp. B) qui induisent l'identité sur V_{i_k} et par H^* (resp. B^*) le sous-groupe des éléments de H

(resp. B) qui induisent l'identité sur P^* . On vérifie immédiatement que B^* induit sur V_{i_k} le stabilisateur du drapeau $\{V_1, V_2, \dots, V_{i_k-1}\}$. Il s'ensuit par l'hypothèse d'induction, que H^* , qui contient B^* , induit sur V_{i_k} le stabilisateur d'une partie de ce drapeau, laquelle ne peut être que $\{V_{i_1}, V_{i_2}, \dots, V_{i_k-1}\}$; en effet, H^* est un sous-groupe invariant de H, donc l'ensemble des variétés fixes de H^* est aussi invariant par H. On montre de même que H^o induit sur P^* le groupe de toutes les projectivités de cet espace. Cela étant, soit g une projectivité quelconque conservant $V_{i_1}, V_{i_2}, \dots, V_{i_k}$. En vertu de ce qui précède, il existe une projectivité $h^o \in H^o$ et une projectivité $h^* \in H^*$ qui induisent respectivement sur P^* et sur V_{i_k} les mêmes projectivités que g. Mais alors, la projectivité $b = g.h^{o-1}.h^{*-1}$ induit l'identité sur P_n^* et sur V_{i_k}. En particulier, elle appartient à B, et $g = b.h^*.h^o$ appartient à H, ce qui démontre la proposition dans ce cas-ci.

2) H *ne laisse fixe aucune sous-variété linéaire propre de* P_n. il faut montrer que H coïncide avec G, ou encore, puisque H est transitif sur P_n (d'après les remarques générales faites au début de la démonstration), que le sous-groupe H_1 des éléments de H qui conservent le point V_1 est le groupe de toutes les projectivités conservant ce point. Supposons qu'il en soit autrement. Alors, en vertu du 1), H_1 laisse fixe au moins une autre variété, soit V_j (j > 1). Comme H opère transitivement sur P_n, le groupe H_x des éléments de H qui laissent fixe un point quelconque $x \in P_n$ conservera aussi une variété $W_j(x)$ à j-1 dimensions contenant x. En particulier $W_j(x)$ est invariante par le groupe B_x ($\subset H_x$) des éléments de B qui conservent x. Or, on vérifie aisé-

ment que la seule variété à j-1 dimensions contenant x et invariante par B_x est la variété joignant x à V_{j-1} si $x \notin V_{j-1}$, et la variété V_j si $x \in V_{j-1}$. Dans tous les cas, $W_j(x)$ contient la variété V_{j-1}. Cette dernière est donc l'intersection des $W_j(x)$, laquelle doit être invariante par H, ce qui contredit notre hypothèse. La proposition est ainsi démontrée.

REMARQUE. De la proposition précédente, il résulte que les espaces homogènes $PGl(n+1,k)/S_i$, quotients de PGl(n+1,k) par les sous-groupes maximaux contenant un sous-groupe de Borel, ne sont autres que les grassmanniennes (ensembles des sous-variétés linéaires de dimension donnée) de l'espace projectif P_n. Cette définition purement "groupale" des grassmanniennes est à l'origine de la méthode d'interprétation géométrique des groupes semi-simples, développée au chapitre suivante.

§3. DEUXIEME EXEMPLE : LE GROUPE PROJECTIF ORTHOGONAL PO(n+1,k) (GROUPE D'UNE HYPERQUADRIQUE).

Considérons dans l'espace projectif $P_n(k)$ une hypdrquadrique Q (qui a donc la dimension n-1), et soit G(Q) le groupe des projectivités de P_n conservant Q. Deux cas essentiellement distincts se présentent :

a) <u>n = 2m</u>; Q possède alors une seule famille de sous-variétés linéaires de dimension maximum m-1; G(Q) est connexe.

b) <u>n = 2m-1</u>; Q possède alors deux familles algébriques distinctes Σ' et Σ" de sous-variétés linéaires de dimension maximum m-1; toute sous-variété linéaire de Q de dimension m-2 détermine deux sous-variétés de dimension m-1, appartenant respectivement à Σ' et à Σ", dont elle est l'intersection; G(Q) possède deux composantes connexes, la composante connexe de l'élément neutre $G^+(Q)$

étant formée par les projectivités qui laissent invariante chacune des deux familles Σ' et Σ''.

Dans l'un et l'autre cas, on appellera *drapeau de* Q une collection

(1) $$\{V_1 \subset V_2 \subset \dots \subset V_m\} \quad ,$$

où V_i désigne une sous-variété linéaire de Q de dimension i-1. Lorsque n = 2m-1, il existe deux espèces de drapeaux selon que V_m appartient à Σ' ou à Σ''. Tout drapeau partiel $\{V_1 \subset V_2 \subset \dots \subset V_{m-1}\}$ peut être prolongé de façon unique en un drapeau d'espèce donnée et il existe donc une correspondance biunivoque canonique entre les deux espèces de drapeaux; deux drapeaux d'espèces différentes qui se correspondent (c'est-à-dire dont les parties $\{V_1 \subset V_2 \subset \dots \subset V_{m-1}\}$ coïncident) seront dits *associés*.

PROPOSITION 12. *Les sous-groupes de Borel de la composante connexe* G (= G(Q) *ou* $G^+(Q)$ *selon que* n = 2m *ou* 2m-1) *de* G(Q) *sont les stabilisateurs des drapeaux de* Q. *Lorsque* n = 2m-1, *deux drapeaux associés ont même stabilisateur.*

DEMONSTRATION. La variété des drapeaux de Q est une variété complète (connexe ou non selon que n = 2m ou 2m-1), donc, en vertu du lemme 3, tout sous-groupe de Borel B de G conserve au moins un drapeau, soit $\{V_1 \subset V_2 \subset \dots \subset V_m\}$. Désignons par S le stabilisateur de ce drapeau et par V_{n-i} la variété linéaire de dimension n-i-1 polaire de V_i par rapport à Q (cette notation n'est pas contradictoire lorsque n = 2m, d'où n-m = m, parce que, dans ce cas, V_m est sa propre polaire par rapport à Q). Le groupe S laisse invariante la collection $\{V_1 \subset \dots \subset V_n\}$, qui est un drapeau de l'espace projectif P, donc S est résoluble (proposition 7); de plus, on peut vérifier, par exemple analytiquement, que S est connexe (nous n'entrerons pas dans le détail de cette vérification).

Par conséquent, $S = B$. Tenant compte du fait (facile à démontrer) que $G(Q)$ est transitif sur les drapeaux de Q, on en déduit que le stabilisateur de tout drapeau est un sous-groupe de Borel de G. La dernière partie de la proposition est immédiate.

Nous ne démontrerons pas les deux propositions suivantes. Les démonstrations sont d'ailleurs assez semblables à celle de la proposition 11.

PROPOSITION 13. *Soit* $n = 2m$. *Soient* $\{V_1 \subset V_2 \subset \ldots \subset V_m\}$ *un drapeau de* Q, B *son stabilisateur,* S_i *le stabilisateur de* V_i, *et* $S_{i_1,i_2,\ldots,i_k} = S_{i_1} \cap S_{i_2} \cap \ldots \cap S_{i_k}$ *le stabilisateur de* $\{V_{i_1}, V_{i_2}, \ldots, V_{i_k}\}$. *Les groupes* $S_{i_1,i_2,\ldots,i_k}$, *qui sont tous distincts entre eux, sont les seuls sous-groupes de* $G = G(Q)$ *contenant* B ; *en particulier, les* S_i *sont les seuls sous-groupes maximaux de* G *contenant* B.

PROPOSITION 14. *Soit* $n = 2m-1$. *Soient*

$$\left\{ V_1 \subset V_2 \subset \ldots \subset V_{m-1} \begin{array}{l} \subset V_{m'} \\ \subset V_{m''} \end{array} \right\}$$

une paire de drapeaux associés, B *le stabilisateur de ceux-ci,* S_i *le stabilisateur de* V_i *et* $S_{i_1,i_2,\ldots,i_k} = S_{i_1} \cap S_{i_2} \cap \ldots \cap S_{i_k}$ *le stabilisateur de* $\{V_{i_1}, V_{i_2}, \ldots, V_{i_k}\}$. *Les groupes* $S_{i_1,i_2,\ldots,i_k}$ *où* $(i_1,i_2,\ldots,i_k)$ *est une partie de l'ensemble d'indices* $(1,2,\ldots,m-2,m',m'')$, *sont tous distincts entre eux et sont les seuls sous-groupes de* $G = G^+(Q)$ *contenant* B ; *en particulier,* $S_1, S_2, \ldots, S_{n-2}, S_{m'}$ *et* $S_{m''}$ *sont les seuls sous-groupes maximaux de* G *contenant* B.

REMARQUE. L'absence de l'indice $m-1$ dans l'énoncé précédent provient du fait que $S_{m-1} = S_{m',m''} = S_{m'} \cap S_{m''}$ (en particulier, S_{m-1} n'est pas un sous-groupe maximal de G).

Lorsqu'on compare la proposition précédente aux propositions 11 et 13, il paraît naturel de changer la terminologie introduite plus haut lorsque n = 2m-1, et d'appeler, dans ce cas, drapeau de Q, la collection

$$\left\{ V_1 \subset V_2 \subset \cdots \subset V_{m-2} \begin{smallmatrix} \subset & V_{m'} \\ \subset & V_{m''} \end{smallmatrix} \right\}$$

(il n'est pas nécessaire de préciser, dans la définition, que l'intersection $V_{m'} \cap V_{m''}$ est une variété V_{m-1} de dimension m-2; cela résulte en effet de ce que $V_{m'}$ et $V_{m''}$ sont d'espèces différentes et contiennent une même variété V_{m-2} de dimension m-3). Avec cette nouvelle définition, on peut donner des propositions 11, 13 et 14 l'énoncé commun suivant, où G désigne le plus grand groupe connexe de projectivités d'un espace projectif P ou d'une hyperquadrique Q, indifféremment :

Les seuls sous-groupes de G *contenant le stabilisateur* B *d'un drapeau* $\mathfrak{D}$ *(de* P *ou de* Q*) sont les stabilisateurs des parties de* $\mathfrak{D}$*; deux parties de* $\mathfrak{D}$ *différentes ont des stabilisateurs différents; les seuls sous-groupes maximaux de* G *contenant* B *sont les stabilisateurs des éléments de* $\mathfrak{D}$.

Sous cette forme, la proposition se généralise à un groupe semi-simple quelconque, moyennant une extension convenable de la notion de drapeau (cf. le §4 et le chap. suivant).

§4. LE TREILLIS DES SOUS-GROUPES CONTENANT UN SOUS-GROUPE DE BOREL. TROISIEME EXEMPLE: LES PRODUITS DIRECTS

Dans les deux exemples examinés plus haut, les sous-groupes contenant un sous-groupe de Borel étaient toujours des intersections de sous-groupes maximaux ayant cette propriété. Il s'agit là d'un fait général. De façon précise, on a le

THEOREME 11. *Soient* G *un groupe affin connexe et* B *un sous-groupe de Borel. Les sous-groupes maximaux de* G *contenant* B *sont en nombre fini* r. *Si on les désigne par* $S_1, \ldots, S_r$, *tout sous-groupe de* G *contenant* B *peut s'écrire d'une et une seule façon comme une intersection* $S_{i_1, \ldots, i_k} = S_{i_1} \cap \ldots \cap S_{i_k}$. *En d'autres termes, le treillis des sous-groupes de* G *contenant* B *est isomorphe au treillis des parties d'un ensemble de* r *éléments.*

DEFINITION. Le nombre r des sous-groupes maximaux contenant B sera appelé le *"rang"* de G, le mot étant placé entre guillemets parce que le sens qu'on lui donne ordinairement est différent de celui-ci. (r n'est autre que le rang - au sens ordinaire - du quotient semi-simple de G; en particulier, les deux notions coincident lorsque G est semi-simple).

COROLLAIRE 1. *Tout sous-groupe contenant un sous-groupe de Borel* B *de* G *est son propre normalisateur dans* G.

En effet, soit $S = S_{i_1, \ldots, i_p}$ le sous-groupe en question; son normalisateur $\mathfrak{N}(S)$ contient aussi B et on peut donc écrire, en supposant les indices $i_1 \ldots i_p$ convenablement ordonnés, $\mathfrak{N}(S) = S_{i_1, \ldots, i_q}$ $(q \leq p)$. Le groupe $T = S_{i_{q+1}, \ldots, i_p}$ est le plus grand sous-groupe de G dont l'intersection avec $\mathfrak{N}(S)$ est S; il est donc invariant par les automorphismes intérieurs de G correspondant aux éléments de $\mathfrak{N}(S)$. Il en résulte que T est un sous-groupe invariant du sous-groupe de G engendré par $\mathfrak{N}(S)$ et T, lequel n'est autre que G lui-même (parce que les ensembles d'indices $\{i_1, \ldots, i_q\}$ et $\{i_{q+1}, \ldots, i_p\}$ sont disjoints). Puisque T est invariant dans G et qu'il contient un sous-groupe de Borel, il les contient tous (théorème 6) et est donc confondu avec G (théorème 8).

Par conséquent, $\{i_{q+1},\ldots,i_p\}$ est l'ensemble vide, et $\mathfrak{N}(S) = S$.

COROLLAIRE 2. *Tout sous-groupe de* G *contenant un sous-groupe de Borel est connexe.*

En effet, si S désigne le sous-groupe en question, les sous-groupes de Borel contenus dans S sont contenus dans la composante connexe S^o de S, et on a, en vertu du corollaire précédent,

$$S^o \subseteq S \subseteq \mathfrak{N}(S^o) = S^o ,$$

d'où $S = S^o$.

Il ne nous est pas possible de donner ni même d'esquisser ici la démonstration du théorème 11, qui repose sur la théorie des racines des groupes semi-simples, développée par E.Cartan dans le cas du corps des complexes et par C.Chevalley dans le cas général (Séminaire C.Chevalley, 1956-58). Bornons nous à observer que si G est l'un des groupes particuliers étudiés aux §§2 et 3, le théorème est une conséquence immédiate des propositions 11, 13 et 14, et que d'autre part, la vérification du théorème pour un groupe G qui est le produit direct de deux groupes $G^{(1)}$ et $G^{(2)}$ se ramène aisément, par la proposition 15 ci-dessous et la démonstration que nous en donnons, aux vérifications pour $G^{(1)}$ et $G^{(2)}$ (cette remarque n'est d'ailleurs d'aucune utilité dans la démonstration générale du théorème).

PROPOSITION 15. *Soient* $G^{(1)}$, $G^{(2)}$ *deux groupes affins connexes, et* $G = G^{(1)}\times G^{(2)}$ *leur produit direct. Les sous-groupes de Borel de* G *sont les produits* $B = B^{(1)}\times B^{(2)}$, *d'un sous-groupe de Borel* $B^{(1)}$ *de* $G^{(1)}$ *et d'un sous-groupe de Borel* $B^{(2)}$ *de* $G^{(2)}$. *Les seuls sous-groupes de* G *contenant* B *sont les sous-groupes de la forme* $S^{(1)}\times S^{(2)}$, *avec* $B^{(i)} \subseteq S^{(i)} \subseteq G^{(i)}$. *En particulier, les seuls sous-groupes maximaux de* G *contenant* B *sont les sous-groupes de la forme* $S^{(1)}\times G^{(2)}$ *ou* $G^{(1)}\times S^{(2)}$, *où* $S^{(i)}$ *désigne cette fois un sous-groupe maximal de* $G^{(i)}$ *contenant* $B^{(i)}$.

DEMONSTRATION. Soient B un sous-groupe de Borel de G, $B^{*(i)}$ sa projection sur $G^{(i)}$, qui est un sous-groupe résoluble connexe de $G^{(i)}$, et $B^{(i)}$ un sous-groupe de Borel de $G^{(i)}$ contenant $B^{*(i)}$. Le produit $B^{(1)} \times B^{(2)}$ est un sous-groupe résoluble connexe de G contenant B; on doit donc avoir $B = B^{(1)} \times B^{(2)}$ (et en particulier, $B^{*(i)} = B^{(i)}$). Réciproquement, soient $B^{(1)}$ et $B^{(2)}$ des sous-groupes de Borel de $G^{(1)}$ et $G^{(2)}$ respectivement, et B un sous-groupe de Borel de G contenant $B^{(1)} \times B^{(2)}$. La projection de B sur $G^{(i)}$ est un sous-groupe résoluble connexe de $G^{(i)}$ contenant $B^{(i)}$; elle est donc confondue avec $B^{(i)}$ et on a de nouveau $B = B^{(1)} \times B^{(2)}$ (cette réciproque est d'ailleurs aussi une conséquence immédiate du théorème 6).

Soient S un sous-groupe de G contenant B, et $S^{(1)}$ et $S^{(2)}$ ses projections sur $G^{(1)}$ et $G^{(2)}$. Identifions les $G^{(i)}$ avec des sous-groupes de G, de la façon usuelle. Puisque $G^{(i)}$ est un sous-groupe invariant de G, $G^{(i)} \cap S$ est un sous-groupe invariant de S, donc aussi, par projection sur $G^{(i)}$, un sous-groupe invariant de $S^{(i)}$. Mais alors, $G^{(i)} \cap S = S^{(i)}$, en vertu du corollaire 1 ci-dessus, donc

$$S^{(1)} \times S^{(2)} \subseteq S \subseteq S^{(1)} \times S^{(2)}$$

et $S = S^{(1)} \times S^{(2)}$, c.q.f.d.

§5. CLASSIFICATION DES GROUPES SEMI-SIMPLES.

5.1. REMARQUES PRELIMINAIRES. PRINCIPE DE LA METHODE.

Soient G un groupe affin connexe de "rang " r, B un sous-groupe de Borel et $S_1, \ldots, S_r$ les sous-groupes maximaux de G contenant B. Ces sous-groupes sont de "rang" r-1; en effet, B est évidemment un sous-groupe de Borel de S_i et les sous-groupes maximaux de S_i contenant B sont les sous-groupes $S_{i,j} = S_i \cap S_j$, $i \neq j$, en vertu du théorème 11. Plus généralement, $S_{i_1,\dots,i_k} = S_{i_1} \cap \dots \cap S_{i_k}$ est un groupe de "rang" r-k.

L'exposé qui suit est basé sur le fait que *grosso modo* (i.e moyennant une précision qui sera donnée plus loin, au n.5.5), le quotient "semi-simple" de G est entièrement caractérisé par la donnée des quotients "semi-simples" des S_i, pour autant que le "rang" de G soit strictement supérieur à 2. Cela fournit un moyen de décrire les groupes "semi-simples" de rang r à partir des groupes de rang r-1 ou, en itérant le procédé, à partir des groupes de rang 2, d'où l'importance de ceux-ci (cf. n.5.3). Il importe de noter qu'il s'agit là d'une méthode permettant seulement, au moins jusqu'à présent, d'exposer *a posteriori* des résultats qui doivent être obtenus par une voie différente (cf.Seminaire Chevalley, 1956-58).

5.2. GROUPES "SEMI-SIMPLES" DE RANG 1.

Le groupe projectif de la droite PGl(2,k) *est, à un isomorphisme près, le seul groupe "semi-simple" de rang* 1. Suivant une notation de E.Cartan, on désigne aussi ce groupe par le symbole A_1.

5.3. GROUPES "SEMI-SIMPLES" DE RANG 2.

Il existe quatre groupes "semi-simples" de rang 2 *non isomorphes; ce sont, avec les notations de E.Cartan, les groupes*

$A_1 \times A_1$, *produit direct de deux copie de* A_1,
A_2 = PGl(3,k) , *groupe projectif du plan* ,
B_2 = PO(5,k) , *groupe projectif d'une hyperquadrique de l'espace projectif à* 4 *dimensions, et*

G_2 , *l'un des cinq "groupes exceptionnels", de dimension* 14, *dont nous reparlerons plus loin.*

5.4. SCHEMAS DE DYNKIN.

Soit G un groupe "semi-simple" de rang r. Les notations, B, S_i et $S_{i_1,\dots,i_k}$ ayant les mêmes significations que précédemment, on posera

$$S_{i_1,\dots,i_k} = S^{i'_1,\dots,i'_{r-k}} ,$$

où $\{i'_1,\dots,i'_{r-k}\}$ est l'ensemble d'indices complémentaire de $\{i_1,\dots,i_k\}$ dans l'ensemble $\{1,2,\dots,r\}$ et on désignera par $G^{i'_1,\dots,i'_{r-k}}$ le quotient "semi-simple" de $S^{i'_1,\dots,i'_k}$.

Selon le principe exposé au n.5.1, on peut chercher à caractériser un groupe G par la donnée des groupes de rang 2 $G^{i,j}$ qui lui sont associés. A titre d'exemple, nous commencerons par dresser le tableau des $G^{i,j}$ dans le cas particulier où G = PGl(n+1,k) est le groupe projectif d'un espace projectif P_n à n dimensions. B est alors le stabilisateur d'un drapeau $\{V_1 \subset V_2 \subset \dots \subset V_n\}$ et $S^{i,j}$ $(i < j)$ est le stabilisateur d'un drapeau partiel obtenu en retirant de celui-là V_i et V_j. Nous distinguerons à présent deux cas, selon que j = ou ≠ i+1.

a) <u>j = i+1</u>. Les sous-groupes de Borel de $S^{i,j}$ sont les conjugués de B dans $S^{i,j}$. Ce sont donc les stabilisateurs des drapeaux de la forme

$$\{V_1 \subset \dots \subset V_{i-1} \subset V'_i \subset V'_{i+1} \subset V_{i+2} \subset \dots \subset V_n\} .$$

L'intersection $R^{i,j}$ de ces groupes, qui est par définition le "radical" de $S^{i,j}$, se compose de toutes les projectivités qui conservent $V_1,\dots, V_{i-1}, V_{i+2},\dots, V_n$ et qui induisent l'identité sur l'ensemble ("étoile") des variétés de dimensions i-1 et i contenues dans V_{i+2} et contenant V_{i-1}, lesquelles peuvent être représentées respectivement par les points et les droites d'un plan projectif V_{i+2}/V_{i-1}. Le groupe $G^{i,j} = S^{i,j}/R^{i,j}$ est donc canoniquement isomorphe au groupe de transformations induit par $S^{i,j}$ sur ce plan. Ce groupe étant, comme on s'en assure aisément, le groupe projectif complet, on a $G^{i,j} \cong A_2$.

b) <u>$j \neq i+1$</u>. Soit V_{i+1}/V_{i-1} (resp. V_{j+1}/V_{j-1}) la droite projective représentant l'ensemble ("faisceau") des variétés de dimension i-1 (resp. j-1) contenues dans V_{i+1} (resp. V_{j+1}) et contenant V_{i-1} (resp. V_{j-1}). En procédant exactement comme au a), on montre que le "radical" $R^{i,j}$ de $S^{i,j}$ se compose de toutes les projectivités qui conservent $V_1, \ldots, V_{i-1}, V_{i+1}, \ldots, V_{j-1}, V_{j+1}, \ldots, V_n$ et qui induisent l'identité sur les droites V_{i+1}/V_{i-1} et V_{j+1}/V_{j-1}, et on en déduit que $G^{i,j} \cong A_1 \times A_1$.

Voici donc, en résumé, le tableau des groupes $G^{i,j}$, de rang 2, associés à $G = PGl(n+1,k)$:

j \ i	2	3	......	n-1	n
1	A_2	$A_1 \times A_1$	......	$A_1 \times A_1$	$A_1 \times A_1$
2		A_2	......	$A_1 \times A_1$	$A_1 \times A_1$
...			......	......	......
n-2				A_2	$A_1 \times A_1$
n-1					A_2

Il est commode de condenser les données du tableau des $G^{i,j}$ d'un groupe G dans un diagramme obtenu de la façon suivante: les indices 1,...,r (ou, si l'on préfère, les groupes $G^1, \ldots, G^r$) sont représentés par r points, et les points correspondant à deux indices i, j sont reliés par un trait simple (———), double (═════) ou quadruple (▬▬▬), ou ne sont pas reliés du tout, selon que $G^{i,j} = A_2, B_2, G_2^{(1)}$ ou $A_1 \times A_1$. Ce diagramme est appelé *schéma de Dynkin* du groupe G. On voit par exemple, en se reportant au tableau ci-dessus, que le schéma de Dynkin du groupe PGl(n+1,k) a l'allure suivante :

5.5. GROUPES DE RANG 2 ET SCHEMAS DE DYNKIN (SUITE).

Tel qu'il a été défini au n° 5.4, le schéma de Dynkin d'un groupe ne caractérise pas ce groupe; en effet, les groupes PSp(2m,k) (groupe projectif symplectique) et PO(2m+1,k) ont le même schéma  . Ce fait trouve son origine dans un autre "défaut" de notre définition. Considérons le groupe $G = B_2 = G(Q)$, groupe des projectivités d'une hyperquadrique Q de l'espace projectif à 4 dimensions. Les sous-groupes S^1 et S^2 sont respectivement le stabilisateur d'une droite et le stabilisateur d'un point de Q; ces sous-groupes, et par conséquent les indices 1 et 2, ne jouent pas un rôle symétrique vis à vis de G, or cela n'apparaît pas dans le schéma  . Pour remédier à cet inconvénient, on conviendra d'affecter celui-ci d'une flèche dirigée, par exemple, vers celui des deux sommets qui correspond au stabilisateur du point de Q.

---

(1) Le groupe G_2 est habituellement représenté par un trait triple, mais il y a plusieurs raisons de modifier cette convention dans le

Corrélativement, tous les doubles traits figurant dans le schémas de Dynkin devront être affectés de flèches (dont l'orientation est bien déterminée par la convention précédente parce que les groupes de rang 1 associés à $G^{i,j}$ ne sont autres que G^{i} et G^{j}). Pour une raison analogue, il y a lieu d'orienter le quadruple trait représentant G_2. Il n'en est pas de même, par contre, pour le simple trait représentent A_2; en effet, si $G = A_2$ est le groupe des projectivités d'un plan projectif, les sous-groupes S^1 et S^2 sont respectivement le stabilisateur d'une droite et le stabilisateur d'un point de ce plan, lesquels jouent un rôle symétrique en vertu du principe de dualité. La définition des schémas de Dynkin étant ainsi modifiée, les schémas des groupes PSp(2m, k) et PO(2m+1, k) deviennent respectivement  et . De façon générale, on a à présent le

THEOREME 12. *Deux groupes "semi-simples"* G *et* G' *sont (birationnellement) isomorphes si et seulement si leurs schémas de Dynkin le sont. Plus précisément, si on désigne par* B *(resp.* B'*) un sous-groupe de Borel de* G *(resp.* G'*), et par* $S_{i_1,\dots,i_k}$ *(resp.* $S'_{i_1,\dots,i_k}$*) les sous-groupes de* G *contenant* B *(resp. de* G' *contenant* B'*) (avec les notations du théorème* 11*), la condition nécessaire et suffisante pour qu'il existe un isomorphisme (birationnel) de* G *sur* G' *appliquant* $S_{i_1,\dots,i_k}$ *sur* $S'_{i_1,\dots,i_k}$ *pour tout ensemble d'indices* $\{i_1,\dots,i_k\}$*, est que l'application du schéma de Dynkin de* G *sur le schéma de Dynkin de* G' *qui applique le i-ème sommet du premier sur le i-ème sommet du second soit un isomorphisme, c'est-à-dire respecte la multiplicité des traits et le sens des flèches.*

---

sens que nous indiquons; une de ces raisons apparaîtra au chapitre suivant.

REMARQUES. 1) La démonstration du théorème 12 est en fait étroitement liée à la détermination des groupes semi-simples; il nous a cependant paru souhaitable, attendu que les démonstrations sont de toute façon omises, d'énoncer ce théorème séparément, avant de donner la classification des groupes "semi-simples" (n.56).

2) On peut étendre la notation d'isomorphisme en admettant comme tels les homomorphismes rationnels bijectifs, et tous ceux qu'on en déduit par passage à l'inverse et composition (la structure invariante par ces nouveaux isomorphismes, plus faible que la structure de groupe algébrique, est appelée par J.P.Serre structure de groupe quasi-algébrique). Si l'on veut énoncer un théorème analogue au théorème 12 avec cette nouvelle notion d'isomorphisme, il y a lieu de modifier la définition des schémas de Dynkin dans le sens suivant :

1°) Lorsque k est de caractéristique 2, les doubles traits des schémas ne doivent pas être orientés (on retrouve en particulier le fait, déjà reconnu au chapitre I, n.3.1, exemple 3, que sur un corps de caractéristique 2, PSp(2m) et PO(2m+1) sont "isomorphes" au nouveau sens);

2°) Lorsque k est de caractéristique 3, les quadruples traits ne doivent pas être orientés.

5.6. CLASSIFICATION DES GROUPES "SEMI-SIMPLES".

On appelle groupe *simple* un groupe qui ne possède pas de sous-groupe invariant connexe. Nous dirons que ce groupe est "simple" si, en outre, son centre est réduit à l'élément neutre (on peut montrer que, dans ce cas, le groupe est aussi simple en tant que groupe abstrait [1]).

(1) Rappelons que le corps de base est toujours supposé algébriquement clos.

THEOREME 13. *Quel que soit le corps k, les groupes algébriques "simples" se répartissent naturellement en quatre classes infinies et cinq types "exceptionnels". On les désigne par* $A_r (r \geq 1)$, $B_r (r \geq 2)$, $C_r (r \geq 3)$, $D_r (r \geq 4)$, G_2, F_4, E_r $(r = 6,7,8)$, *l'indice* $(r, 2, 4)$ *représentant chaque fois le rang du groupe. Le tableau suivant en donne les schémas de Dynkin, les dimensions, et, dans le cas des groupes "classiques", une interprétation géométrique :*

$A_r = PGl(r+1,k)$		$r^2 + 2r$
$B_r = PO(2r+1,k)$		$2r^2 + r$
$C_r = PSp(2r,k)$		$2r^2 + r$
$D_r = PO^+(2r,k)$		$2r^2 - r$
G_2		14
F_4		52
E_6		78
E_7		133
E_8		248

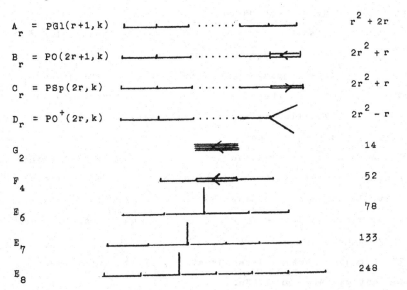

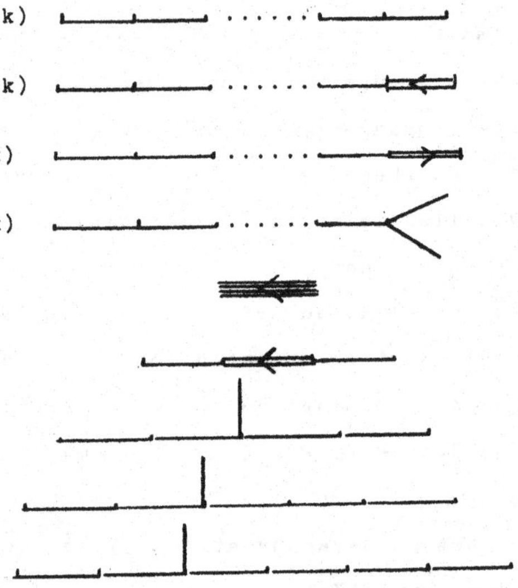

Les groupes "semi-simples" sont les produits directs de groupes "simples". Le schéma de Dynkin d'un tel produit direct est la réunion disjointe des schémas de Dynkin des facteurs.

REMARQUES. 1) La dernière affirmation, relative au schéma de Dynkin d'un produit direct est une conséquence immédiate de la proposition 15.

2) Les restrictions imposées dans l'énoncé précédent aux rangs des groupes B, C, D, visent à ce que les groupes énumérés

soient tous non isomorphes entre eux. Les groupes B_1, C_1, C_2, D_2 et D_3 sont naturellement définis mais l'examen des schémas de Dynkin fait apparaître les isomorphismes suivants, bien connus par ailleurs :

$$B_1 \cong C_1 = A_1 \ , \quad C_2 \cong B_2 \ , \quad D_2 \cong A_1 \times A_1 \ , \quad D_3 \cong A_3 \ .$$

En ce qui concerne D_1, qu'il est naturel de poser égal à $PO^+(2,k) \cong k$, il n'est pas semi-simple.

5.7. AUTOMORPHISMES. TRIALITE'. UNE DEFINITION DU GROUPE G_2.

Les schémas de Dynkin fournissent des renseignements non seulement sur les isomorphismes entre groupes distincts, mais encore sur les automorphismes d'un groupe donné. Soit G un groupe "semi-simple", B un sous-groupe de Borel et S_i les sous-groupes maximaux contenant B. Tout automorphisme de G est le produit d'un automorphisme conservant B par un automorphisme intérieur (1); en effet, l'automorphisme en question transforme B en un autre sous-groupe de Borel B', et il existe toujours un automorphisme intérieur transformant B en ce même B' (théorème 6). D'autre part, tout automorphisme intérieur conservant B est nécessairement l'automorphisme intérieur défini par un élément de B (théorème 7) et conserve par conséquent chacun des S_i; on peut montrer que la réciproque est vraie, c'est-à-dire que la condition nécessaire et suffisante pour qu'un automorphisme conservant B soit intérieur est qu'il conserve chaque S_i. De ces remarques et du théorème 12 résulte immédiatement le

---

(1) Le mot "automorphisme" est pris ici dans le sens d'"automorphisme birationnel", toutefois cette première conclusion est aussi valable pour les automorphismes du groupe "abstrait" G.

THEOREME 14. *Soient* G *un groupe "semi-simple",* A(G) *le groupe de tous les automorphismes (birationnels) de* G *et* I(G) *le groupe des automorphismes intérieurs. Alors* A(G)/I(G) *est isomorphe au groupe des automorphismes du schéma de Dynkin de* G. *En particulier, il est isomorphe au groupe symétrique* $\mathfrak{S}_3$ *lorsque* $G \cong D_4$, *à* Z_2 *lorsque* $G \cong A_r (r \geq 2)$, $D_r (r \geq 5)$ *ou* E_6, *et il est réduit à l'élément neutre lorsque* G *est l'un quelconque des autres groupes simples.*

Le cas du groupe $D_4 = PO^+(8,k)$ est particulièrement intéressant. Ce groupe possède des automorphismes extérieurs d'ordre 3; c'est une expression du "principe de trialité", de Study-Cartan. Si on les classe par rapport aux automorphismes intérieurs, les automorphismes extérieurs d'ordre 3 de D_4 sont de deux espèces; les uns ont pour groupe d'éléments fixes un groupe de dimension 14 isomorphe à G_2; les autres ont un groupe d'éléments fixes de dimension 8 qui est isomorphe à A_2 lorsque k n'est pas de caractéristique 3.

J.Tits

CHAPITRE IV

SOUS-GROUPES CONTENANT UN SOUS-GROUPE DE BOREL, II. GEOMETRIES ASSOCIEES.

§ 1. DEFINITIONS. INTERPRETATION GEOMETRIQUE DES GROUPES "SEMI-SIMPLES".

1.1. ANALYSE D'UN CAS PARTICULIER: GROUPE A_n ET GEOMETRIE PROJECTIVE A n DIMENSIONS.

Le groupe A_n a une interprétation simple en géométrie projective: c'est le groupe des projectivités d'un espace projectif E à n dimensions sur k. Les résultats du chap.III, § 2, montrent comment on peut, réciproquement, reconstruire la géométrie projective à partir du groupe A_n. En effet, soient $G = A_n$ le groupe en question, B un sous-groupe de Borel, et $S_1, \ldots, S_n$ les sous-groupes maximaux de G contenant B. Nous avons vu que les S_i sont les stabilisateurs de variétés linéaires V_i, deux à deux incidentes, de l'espace E. Il s'ensuit que les espaces homogènes A/S_1, $A/S_2, \ldots, A/S_n$ sont respectivement l'ensemble des points, des droites,..., des hyperplans de E. Pour construire la géométrie projective, il est nécessaire de connaître, en plus de ces ensembles, la relation d'incidence entre variétés linéaires de dimensions différentes. Or, soient V_i' et V_j' deux variétés linéaires de dimensions respectives i-1 et j-1; elles sont représentées par les classes latérales de S_i et S_j formées respectivement des projectivités amenant V_i sur V_i' et des projectivités amenant V_j sur V_j', soient $S_i f$ et $S_j g$. Les variétés V_i et V_j étant incidentes, il en sera de même de V_i' et V_j' si et seulement s'il existe une projectivité amenant simultanément

V_i sur V_i' et V_j sur V_j', c'est-à-dire si $S_i f \cap S_j g \neq \emptyset$.

1.2. GEOMETRIES. GEOMETRIE ASSOCIEE A UN GROUPE G.

Les considérations du n° précédent suggèrent l'introduction des notations suivantes: Nous appellerons *géométrie* toute collection $\mathcal{L} = \{L_1, L_2, \ldots, L_n; I\}$ formée d'ensembles $L_1, L_2, \ldots, L_n$, en nombre fini n, sur la réunion desquels est donnée une "relation d'incidence" I, correspondance symétrique dont la restriction à chacun des ensembles L_i est l'identité (i.e., deux éléments d'un même ensemble L_i ne sont incidents que s'ils sont confondus)[(1)]. Soient G un groupe affin connexe, B un sous-groupe de Borel et $S_1, S_2, \ldots, S_n$ les sous-groupes maximaux de G contenant B; la *géométrie associée à* G sera la géométrie constituée par les ensembles $L_i = G/S_i$ et la relation d'incidence définie comme suit: deux éléments $S_i f \in G/S_i$ et $S_j g \in G/S_j$ sont incidents si $S_i f \cap S_j g \neq \emptyset$.

Il est immédiat que la géométrie associée à G est canoniquement isomorphe à la géométrie associée au quotient "semi-simple" de G. Il s'ensuit que la théorie des géométries associées concerne essentiellement les groupes "semi-simples", encore qu'il soit utile, pour la simplicité de certains énoncés, de définir la notion dans le cas général, comme nous l'avons fait.

1.3. EXEMPLES.

1) La géométrie associée à B_n est la "géométrie d'une hyper-

---

(1) Dans les considérations développées ici, aucun des ensembles $L_1, \ldots, L_n$ ne joue un rôle privilégié a priori; en particulier, s'il s'agit de géométrie projective, on ne fait pas de différence de principe entre les points et les autres variétés linéaires. Ce point de vue "abstrait" est celui qui donne aux résultats exposés la forme la plus simple et la plus symétrique; nous verrons au § 4 comment le point de vue "spatial", plus intuitif à certains égards, s'y rattache.

quadrique Q de dimension 2n-1": les L_i sont l'ensemble des points, l'ensemble des droites,..., et l'ensemble des variétés linéaires à n-1 dimensions de Q; deux variétés sont incidentes si l'une d'elles contient l'autre. (Cf. proposition 13).

2) La géométrie associée à D_n est la "géométrie d'une hyperquadrique Q de dimension 2n-2": les L_i sont l'ensemble des points, l'ensemble des droites,..., l'ensemble des variétés linéaires à n-3 dimensions, et les deux ensembles de variétés linéaires à n-1 dimensions de Q; deux variétés sont incidentes si l'une d'elles contient l'autre ou si ce sont deux variétés à n-1 dimensions d'espèces différentes dont l'intersection est une variété à n-2 dimensions. (Cf. proposition 14). On constate que les variétés à n-2 dimensions de Q ne sont pas des éléments de la géométrie associée à D_n; cette anomalie apparente s'explique par le fait qu'une telle variété détermine deux variétés à n-1 dimensions d'espèces différentes dont elle est l'intersection, et que la correspondance ainsi établie entre l'ensemble des variétés à n-2 dimensions de Q et l'ensemble des paires de variétés à n-1 dimensions incidentes (drapeaux: cf. § 2) est biunivoque.

3) La géométrie associée à C_n est la "géométrie d'une polarité nulle π dans un espace projectif à 2n-1 dimensions": les L_i sont l'ensemble des points de l'espace, l'ensemble des droites,.. .., et l'ensemble des variétés à n-1 dimensions appartenant à π (c'est-à-dire contenues dans leurs polaires); deux variétés sont incidentes si l'une d'elles contient l'autre.

4) La géométrie associée à un produit direct $G^{(1)} \times G^{(2)}$ est la "somme directe" des géométries associées à $G^{(1)}$ et $G^{(2)}$, obtenue en considérant conjointement ces deux géométries et en convenant en outre que tout élément de la première est incident à tout

élément de la seconde. (Cf. proposition 15).

1.4. AUTOMORPHISMES. INTERPRETATION GEOMETRIQUE DES GROUPES SEMI-SIMPLES.

Nous appellerons *automorphisme* d'une géométrie $\mathcal{L} = \{L_1, \ldots, L_n; I\}$, toute permutation de l'ensemble $L = \bigcup_{i=1}^{n} L_i$ qui conserve la partition de cet ensemble en les L_i, et la relation d'incidence I. Un automorphisme peut permuter entre eux les L_i; s'il les conserve individuellement, il sera dit *intérieur*. Par exemple, en géométrie projective, les collinéations sont des automorphismes intérieurs et les corrélations (dualités) sont des automorphismes *extérieurs* (non intérieurs).

Supposons que $\mathcal{L}$ soit la géométrie associée à un groupe G. les L_i sont alors des espaces homogènes de G, qui opère donc sur eux de façon naturelle. Il est clair que les permutations de L correspondant ainsi aux éléments de G sont des automorphismes intérieurs de $\mathcal{L}$. Si G est "semi-simple", il opère fidèlement sur L; cela résulte de ce que l'intersection des S_i est un sous-groupe de Borel (théorème 11) qui ne peut contenir aucun sous-groupe invariant non trivial de G (car tout sous-groupe invariant contenu dans un sous-groupe de Borel est contenu dans tous ces sous-groupes - en vertu du théorème 6 - donc aussi dans le "radical"). On a donc le

THEOREME 15. *Tout groupe affin connexe* G *opère naturellement comme groupe d'automorphismes intérieurs sur la géométrie qui lui est associée. Cette représentation de* G *est fidèle si (et seulement si)* G *est "semi-simple".*

REMARQUE. G n'est généralement pas le groupe de tous les automorphismes intérieurs de la géométrie associée; par exemple, la géométrie projective à n dimensions sur k a pour automorphismes intérieurs non seulement les projectivités - éléments de $G = A_n$ - mais encore les collinéations appartenant aux automorphismes non triviaux de k (transformations semi-linéaires). Cependant, lorsque G ne possède pas de facteur direct de type A_1, ses éléments peuvent être caractérisés de façon "purement géométrique" (i.e. en utilisant seulement la relation d'incidence) parmi les automorphismes intérieurs de la géométrie associée (on sait par exemple que les projectivités se caractérisent aisément parmi les collinéations [(1)]). D'autre part, si on tient compte du fait que les $L_i = G/S_i$ sont des variétés algébriques, on peut définir, de façon évidente, les *automorphismes birationnels* de la géométrie associée à G, et dans tous les cas,

G *est le groupe de tous les automorphismes birationnels de la géométrie associée.*

Nous ne démontrerons pas cette proposition.

1.5. CHAINES.

$\mathcal{L}$ désignant une géométrie quelconque, on appellera *chaîne* (finie), toute suite (finie) d'éléments de $\mathcal{L}$ tels que deux éléments consécutifs quelconques de la suite soient incidents. Le théorème suivant exprime une sorte de propriété de "connexité" pour les géométries associées aux groupes semi-simples.

THEOREME 16. *Soit* $\mathcal{L} = \{L_1, \ldots, L_n; I\}$ *la géométrie associée à un groupe semi-simple. Deux éléments quelconques* d *et* e *de* $\mathcal{L}$ *sont toujours les extrémités d'une chaîne finie, dont on peut supposer en outre que tous les éléments, à l'exception des extré-*

(1) Cf. [11], p.71. Nous appellons "projectivités", ce que Veblen et Young nomment "projective collinéations".

mités d *et* e, *appartiennent alternativement à deux ensembles* L_i *et* L_j *donnés, arbitrairement choisis.*

DEMONSTRATION. Reprenons les notations du n° 1.2, et soient $d = S_k f$, $e = S_1 g$ $(f, g \in G)$, $L_i = G/S_i$, $L_j = G/S_j$. Le sous-groupe de G engendré par S_i et S_j contient S_i et est donc confondu avec G, puisque S_i est un sous-groupe maximal de G. Il existe par conséquent des éléments $f_1, f_2, \ldots, f_p \in S_i$ et des éléments $g_1, g_2, \ldots, g_p \in S_j$ tels que $gf^{-1} = g_p f_p g_{p-1} f_{p-1} \ldots g_1 f_1$. Mais alors, on vérifie aisément que la suite d'éléments

$$d = S_k f\ ,\quad S_i f = S_i f_1 f\ ,\quad S_j f_1 f = S_j g_1 f_1 f\ ,$$

$$S_i g_1 f_1 f = S_i f_2 g_1 f_1 f\ , \ldots,$$

$$S_j f_p g_{p-1} \ldots g_1 f_1 f = S_j g\ ,\ S_1 g = e$$

est une chaîne jouissant des propriétés requises.

§ 2. DRAPEAUX ET SOUS-GROUPES DE BOREL.

Etant donnée une géométrie quelconque $\mathcal{L} = \{L_1, L_2, \ldots, L_n; I\}$, nous appellerons *drapeaux d'espèce* $(i_1, \ldots, i_p)$ les ensembles formés d'un élément de L_{i_1}, d'un élément de L_{i_2}, ..., et d'un élément de L_{i_p} deux à deux incidents, et *drapeaux complets* les drapeaux d'espèce (1, 2,..., n)[1]. Les résultats du chapitre III, §§ 2 et 3, se généralisent alors de la façon suivante:

THEOREME 17. *Soient* G *un groupe affin connexe et* $\mathcal{L}$ *la géométrie associée. Les sous-groupes de* G *qui contiennent un sous-groupe de*

(1) On notera que cette terminologie diffère légèrement de celle adoptée au chapitre III où nous appelions drapeaux (resp. drapeaux partiels) ce que nous nommons à présent drapeaux complets (resp.drapeaux).

Borel sont les stabilisateurs (dans G*) des drapeaux de* $\mathcal{L}$ [1]. *De façon plus précise, étant donné un sous-groupe* S *contenant un sous-groupe de Borel, les éléments de* $\mathcal{L}$ *invariants par* S *forment un drapeau dont S est le stabilisateur; réciproquement, le stabi-bilisateur d'un drapeau quelconque est un sous-groupe contenant un sous-groupe de Borel, dont les seuls éléments invariants dans* $\mathcal{L}$ *sont les éléments du drapeau en question. Ainsi est établie une correspondance biunivoque, renversant les inclusions, entre les drapeaux de* $\mathcal{L}$ *et les sous-groupes de* G *qui contiennent un sous-groupe de Borel. En particulier, les drapeaux complets de* $\mathcal{L}$ *correspondent aux sous-groupes de Borel eux-mêmes.*

De ce théorème, il résulte immédiatement que

COROLLAIRE 1. *Tout drapeau est partie d'un drapeau complet.*

D'autre part, tenant compte du théorème 6, on a le

COROLLAIRE 2. *Le groupe* G *opère transitivement sur les drapeaux complets, donc aussi (en vertu du corollaire 1) sur les drapeaux d'espèce donnée quelconque.*

Celui-ci peut encore s'énoncer de la façon suivante:

COROLLAIRE 2'. *Soient* $S_1, S_2, \ldots, S_p$ *des sous-groupes maximaux* [2] *de* G *contenant un même sous-groupe de Borel* B, *et* $g_1, g_2, \ldots, g_p$ *des éléments de* G. *Si, pour tous* i, j = 1, 2,..., p, *on a* $S_i g_i \cap S_j g_j \neq \emptyset$, *alors*

$$\bigcap_{i=1}^{p} S_i g_i \neq \emptyset .$$

---

(1) Il faut se rappeler que, d'après le théorème 15, G opère sur la géométrie associée.

(2) En fait, la proposition reste vraie quels que soient les sous-groupes S_i de G contenant B, l'hypothèse que ce sont des sous-groupes maximaux étant superflue; c'est une conséquence à peine moins immédiate du théorème 17.

En effet, la condition $S_i g_i \cap S_j g_j \neq \emptyset$ exprime que l'ensemble $(S_1 g_1, S_2 g_2, \ldots, S_p g_p)$ est un drapeau, auquel cas, le corollaire 2 assure l'existence d'un élément $g \in G$ tel que $(S_1, S_2, \ldots, S_p)g = (S_1 g_1, S_2 g_2, \ldots, S_p g_p)$, c'est-à-dire tel que $g \in S_i g_i$ pour tout i.

Lorsque $p = 3$, le corollaire 2' peut s'exprimer sous la forme d'une relation simple entre S_1, S_2, S_3. En effet, puisque $S_1 g_1 \cap S_2 g_2 \neq \emptyset$, on peut supposer, sans nuire à la généralité, que $g_1 = g_2$. Posons $h = g_3 g_1^{-1}$. Les relations $S_i g_i \cap S_j g_j \neq \emptyset$ se réduisent alors à

$$S_1 \cap S_3 h \neq \emptyset \quad , \qquad S_2 \cap S_3 h \neq \emptyset \ ,$$

c'est-à-dire à

(2.1) $$h \in S_3 S_1 \quad , \qquad h \in S_3 S_2 \ ,$$

et la relation $\bigcap_i S_i g_i \neq \emptyset$ peut s'écrire

$$S_1 \cap S_2 \cap S_3 h \neq \emptyset \ ,$$

ou encore

(2.2) $$h \in S_3(S_1 \cap S_2)$$

Ainsi, le corollaire 2' affirme, dans ce cas particulier, que les relations (2.1) entrainent la relation (2.2). La réciproque étant évidente, on peut, tenant compte de la note (1) au bas de la page 51, énoncer la

PROPOSITION 16. *Si* S_1, S_2 *et* S_3 *désignent trois sous-groupes de* G *contenant un même sous-groupe de Borel, on a la relation*

$$S_3(S_1 \cap S_2) = S_3 S_1 \cap S_3 S_2 \ .$$

En ce qui concerne la démonstration du théorème 17, nous nous bornerons à montrer comment, tenant compte des résultats du chapitre III, elle peut se ramener à la démonstration de la seule proposition 16 [(1)].

Supposons donc établie cette proposition ou, ce qui revient au même, le corollaire 2', pour $p = 3$. Remarquons tout d'abord que ce corollaire (donc aussi le corollaire 2) s'en déduit immédiatement, par induction, pour toute valeur de p. En effet, supposons le corollaire démontré lorsqu'on y remplace p par un nombre strictement plus petit, et posons $G^* = S_p$, $S_i^* = S_p \cap S_i$ $(i = 1,2,\ldots,p-1)$, $g_i^* = g_i g_p^{-1}$. Puisque $S_i g_i \cap S_p g_p \neq \emptyset$, on peut, sans nuire à la généralité, supposer que $g_i^* \in S_p$ pout tout i. On a alors

$$S_i^* g_i^* \cap S_j^* g_j^* = (S_i g_i \cap S_j g_j \cap S_p g_p) g_p^{-1} \neq \emptyset \quad ,$$

d'où

$$\emptyset \neq \bigcap_{i=1}^{p-1} S_i^* g_i^* = (\bigcap_{i=1}^{p} S_i g_i) g_p^{-1} \quad .$$

Pour établir le théorème 17, nous aurons encore besoin du

LEMME 4. *Deux sous-groupes distincts contenant un même sous-groupe de Borel ne sont jamais conjugués.*

En effet, soient S et $g^{-1}Sg$ deux sous-groupes conjugués de G, contenant un même sous-groupe de Borel B. Puisque $B \subseteq g^{-1}Sg$, $gBg^{-1} \subseteq S$. Mais alors, B et gBg^{-1}, qui sont deux sous-groupes de Borel de S, sont conjugués dans S, c'est-à-dire qu'il existe un élément $h \in S$ tel que $h^{-1}Bh = gBg^{-1}$, d'où $hgBg^{-1}h^{-1} = B$. En vertu du théorème 7, il en résulte que $hg \in B$, d'où $g^{-1}Sg = g^{-1}h^{-1}Shg = S$, c.q.f.d..

---

(1) Celle-ci se déduit assez aisément du corollaire 1 de [4], p.13-11 ("lemme de Bruhat").

Nous en venons à présent à la démonstration du théorème. Soit S un sous-groupe de G contenant un sous-groupe de Borel; nous voulons montrer que les éléments de la géométrie $\mathcal{L}$ associée à G qui sont invariants par S forment un drapeau dont S est le stabilisateur. En vertu des théorèmes 6 et 11, on ne nuit pas à la généralité en supposant que S est de la forme $S = S_{i_1,\ldots,i_p} = S_{i_1} \cap \ldots \cap S_{i_p}$ (les notations étant celles du n° 1.2). Soit $S_i g$ un élément de $\mathcal{L}$ invariant par S. Son stabilisateur $g^{-1}S_i g$ contient S donc on a $g^{-1}S_i g = S_{i_m}$ pour un certain m (cf. théorème 11). Mais alors, en vertu du lemme précédent et du corollaire 1 au théorème 11, $S_i = S_{i_m}$ et $g \in S_{i_m}$, d'où $S_i g = S_{i_m}$. Ainsi, les S_{i_m} $(m = 1,\ldots,p)$ sont les seuls éléments de $\mathcal{L}$ invariants par S. Notre assertion en résulte immédiatement.

Réciproquement, considérons un drapeau quelconque. Nous devons montrer que son stabilisateur contient un sous-groupe de Borel et ne conserve aucun élément de $\mathcal{L}$ en dehors des éléments du drapeau donné. Faisant appel au corollaire 2, nous pouvons supposer que le drapeau en question est de la forme $(S_{i_1},\ldots, S_{i_p})$. Mais alors, la proposition en question devient évidente. Le théorème 17 est ainsi démontré (modulo la proposition 16).

REMARQUE. Dans la définition de la géométrie $\mathcal{L}$ associée à un groupe G, nous avons utilisé seulement les espaces homogènes G/S_i correspondant aux sous-groupes maximaux S_i de G contenant un sous-groupe de Borel B donné. On pourrait aussi considérer la géométrie $\mathcal{M}$ constituée par les espaces homogènes $G/S_{i_1,\ldots,i_p}$, correspondant à tous les sous-groupes de G contenant B, la relation d'incidence étant définie comme au n° 1.2. Le théorème 17 montre que $\mathcal{M}$ n'est autre que la "géométrie des drapeaux de $\mathcal{L}$ ": les éléments de $\mathcal{M}$ sont les drapeaux de $\mathcal{L}$, les ensembles constituant $\mathcal{M}$ sont les ensembles de drapeaux d'espèce donnée, et deux drapeaux sont incidents si tout élément du premier est incident à tout élément du second.

Nous prendrons cette dernière propriété comme définition générale de l'incidence de deux drapeaux. En d'autres termes: DEFINITION. Dans une géométrie quelconque, deux *drapeaux* seront dits *incidents* si leur réunion est encore un drapeau.

§ 3. GEOMETRIE ASSOCIEE ET SCHEMA DE DYNKIN.

3.1. SOMMETS DU SCHEMA ET ENSEMBLES CONSTITUANT LA GEOMETRIE.

Il résulte immédiatement des définitions que *les ensembles constituant la géométrie* $\mathcal{L}$ *associée à un groupe "semi-simple"* G *sont en correspondance biunivoque naturelle avec les sommets du schéma de Dynkin* Δ *de* G.

Pour tout sommet s de Δ, nous désignerons par L_s (ou éventuellement par un autre symbole affecté de l'indice s) l'ensemble d'éléments de $\mathcal{L}$ qui lui correspond.

EXEMPLES. 1) Soit $G = A_n$, d'où

Δ = 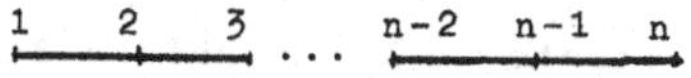

.

$\mathcal{L}$ est alors la "géométrie d'un espace projectif à n dimensions" et L_i est l'ensemble des variétés linéaires à i-1 dimensions de cet espace.

2) Soit $G = D_n$, d'où

Δ = 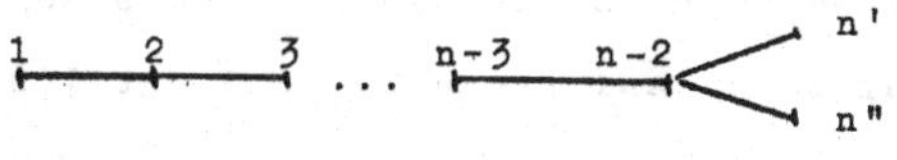

.

$\mathcal{L}$ est la "géométrie d'une hyperquadrique Q de dimension 2n-2", L_i (i = 1,...,n-2) est l'ensemble des variétés linéaires à i-1 dimensions de Q, et $L_{n'}$ et $L_{n''}$ sont les deux ensembles de variétés linéaires à n-1 dimensions de Q.

3.2. ISOMORPHISMES.

Le théorème suivant est une conséquence immédiate du théorème 12.

THEOREME 18. *Soient* G *et* G' *deux groupes isomorphes,* Δ *et* Δ' *leurs schémas de Dynkin,* $\mathcal{L} = \{L_1, \ldots\}$ *et* $\mathcal{L}' = \{L_1', \ldots\}$ *les géométries associées, et* a *un isomorphisme de* Δ *sur* Δ' *. Alors, il existe des isomorphismes (birationnels) de* $\mathcal{L}$ *sur* $\mathcal{L}'$ *qui transforment* L_s *en* $L'_{a(s)}$, *pour tout sommet* s *de* Δ *.*

Plusieurs théorèmes classiques se retrouvent comme applications de celui-ci.

EXEMPLES. 1) Le schéma 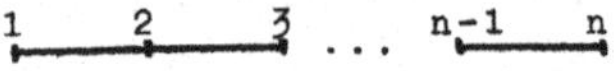 est invariant par la permutation échangeant les sommets équidistants des extrêmes. La géométrie projective à n dimensions sur k possède donc des automorphismes permutant l'ensemble des points et l'ensemble des hyperplans, l'ensemble des droites et l'ensemble des variétés linéaires à n-2 dimensions, etc. C'est le *principe de dualité.*

2) Considérons les schémas  de A_3 et 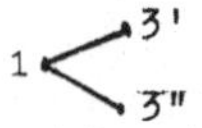 de D_3. Il existe un isomorphisme du premier sur le second qui transforme les sommets 2, 1, 3 respectivement en les sommets 1, 3', 3". Il existe donc des isomorphismes de la géométrie d'un espace projectif P à 3 dimensions sur la géométrie d'une hyperquadrique Q à 4 dimensions qui font correspondre les points de Q aux droites de P, et les deux espèces de plans de Q respectivement aux points et aux plans de P. Q est l'*hyperquadrique de Klein* bien connue.

3) Le schéma 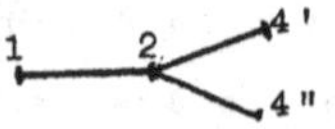 de D_4 est invariant pour

toute permutation des sommets 1, 4' et 4" (2 étant conservé). La géométrie d'une hyperquadrique Q à 6 dimensions possède donc des automorphismes permutant de façon arbitraire l'ensemble des points et les deux ensembles de variétés à 3 dimensions de Q, et conservant l'ensemble des droites C'est le *principe de trialité* de Study-Cartan.

3.3. GEOMETRIES RESIDUELLES. THEOREME DE RESIDUATION.

La structure du schéma de Dynkin Δ d'un groupe "semi-simple" G est étroitement liée au propriétés de la géométrie $\mathcal{L}$ associée à G. Ce lien est exprimé par le théorème 19 ci-dessous (*théorème de résiduation*), qui met en rapport les parties de Δ et certaines sous-géométries de $\mathcal{L}$, ses géométries *résiduelles*.

DEFINITION. Soient $\mathcal{L} = \{L_1, L_2, \ldots, L_n;\ I\}$ une géométrie quelconque, d'un drapeau d'espèce $(i_1, \ldots, i_p)$ (éventuellement réduit à un seul élément, si p = 1), et L_{id} l'ensemble des éléments de L_i incidents à d. Nous appellerons *géométrie résiduelle* de $\mathcal{L}$ par rapport à d, la géométrie $\mathcal{L}_d$ constituée par les n-p ensembles L_{id} $(i \neq i_1, \ldots, i_p)$, la relation d'incidence étant la restriction à ceux-ci de la relation d'incidence I de $\mathcal{L}$.

THEOREME 19. *Soient* G *un groupe "semi-simple",* Δ *son schéma de Dynkin,* $\mathcal{L} = \{L_1, \ldots, L_n;\ I\}$ *la géométrie associée,* $i_1, i_2, \ldots, i_p$, p *sommets de* Δ *, et* d *un drapeau d'espèce* $(i_1, \ldots, i_p)$ [(1)] *(si* p = 1, d *est un élément de* $\mathcal{L}$ *). Alors, la géométrie* $\mathcal{L}_d = \{L_{id} (i \neq i_1, \ldots, i_p);\ I\}$*, résiduelle de* $\mathcal{L}$ *par rapport à* d*, est (canoniquement isomorphe à) la géométrie associée au groupe "semi-simple" dont le schéma de Dynkin* Δ' *s'obtient en retirant de* Δ *les sommets* $i_1, \ldots, i_p$ *et tous les traits qui y aboutissent. La*

(1) C'est-à-dire un drapeau formé d'un élément de l'ensemble L_{i_1}, correspondant au sommet i_1 (Cf. n° 3.1), d'un élément de l'ensemble L_{i_2} correspondant au sommet i_2, etc.

correspondance canonique entre les ensembles constituant $\mathcal{L}_d$ *et les sommets de* Δ' *est celle qui associe à tout* L_{id} $(i = i_1, \ldots, i_p)$ *le sommet* i *de* Δ, *considéré comme sommet de* Δ'.

EXEMPLE. La géométrie résiduelle de la géométrie projective à n dimensions sur k par rapport à une variété linéaire à $i-1$ dimensions est constituée par les variétés contenues dans celle-ci et celles qui la contiennent. C'est donc la somme directe (cf.n° 1.3, exemple 4))d'une géométrie projective à $i-1$ dimension et d'une géométrie projective à $n-i$ dimensions. Cela correspond au fait que si on retire du schéma 1—2—3 ... n-1—n de A_n le sommet i, on obtient le schéma

1—2 ... i-2—i-1   i+1—i+2 ... n-1—n ,

réunion disjointe des schémas de Dynkin de A_{i-1} et de A_{n-i}.

DEMONSTRATION DU THEOREME 19. On se ramène immédiatement, par induction, au cas où $p = 1$. Reprenant les notations du n° 1.2, nous pouvons supposer, sans nuire à la généralité, que d est l'un des S_i, soit pour fixer les idées S_1. L'ensemble L_{id} est alors l'ensemble des classes latérales de S_i qui rencontrent S_1, lesquelles correspondent biunivoquement et canoniquement aux classes latérales de $S_1 \cap S_i = S_{1,i}$ dans S_1. Si deux éléments $S_i g$ et $S_j h$ appartenant respectivement à L_{id} et à L_{jd} (i.e. $S_i g \cap S_1 \neq \emptyset \neq S_j h \cap S_1$) sont incidents, on a $S_i g \cap S_j h \neq \emptyset$, donc aussi, en vertu du corollaire 2' au théorème 17, $S_i g \cap S_j h \cap S_1 \neq \emptyset$. Par conséquent deux éléments appartenant à L_{id} et à L_{jd} sont incidents si et seulement si les classes latérales de $S_{1,i}$ et $S_{1,j}$ dans S_1 qui leur correspondent ont une intersection non vide. Tenant compte du fait que les groupes $S_{1,i}$ $(i = 2, \ldots, n)$ sont les sous-groupes maximaux de S_1 qui contiennent le sous-groupe de Borel B (en vertu du théorème 11), on voit que $\mathcal{L}_d$ n'est autre que la géométrie associée au groupe S_1, ou encore, la géométrie associée au quotient "semi-simple" de S_1, lequel a pour schéma de Dynkin le schéma Δ' obtenu en retirant de Δ le sommet 1 (en vertu du théorème 11 et de la définition du schéma de Dynkin donnée au chapitre III, § 5). La dernière assertion de l'énoncé est immédiate.

3.4. APPLICATIONS.

Le théorème 19 permet, dans une certaine mesure, de ramener l'étude d'une géométrie "compliquée" à celle d'autres géométries "plus simples". C'est ce qui fait son intérêt notamment pour l'étude des géométries associées aux groupes exceptionnels F_4, E_6, E_7, E_8. A titre d'exemple, nous énonçons plus loin (propositions 17 à 20) quelques propriétés de ces géométries qui peuvent être établies à l'aide du théorème 19. Il serait trop long de donner ici les démonstrations de ces propriétés (1) ; nous nous bornerons à illustrer la méthode utilisée en l'appliquant à un cas plus simple.

Considérons la géométrie $\mathcal{L} = \{L_1, L_2, L_3; I\}$ associée au groupe A_3 de schéma  . Nous nous proposons de montrer que deux éléments distincts e, e' $\in L_1$ sont incidents simultanément à un et un seul élément d $\in L_2$. Il s'agit évidemment d'une propriété bien connue, puisque L_1 et L_2 sont respectivement l'ensemble des points et l'ensemble des droites d un espace projectif à 3 dimensions, mais *notre but est de l'établir en faisant seulement usage des théorèmes* 16 *et* 19, *et des propriétés de géométries "plus simples" que* $\mathcal{L}$, à savoir, les géométries associées au groupe A_2 de schéma  (géométrie projective à 2 dimen-

---

(1) On en trouvera certaines dans [6], [7].

sions) et au groupe $A_1 \times A_1$ de schéma + + (somme directe de deux géométries projectives à 1 dimension) . Soit

(3.4.1) $$e = e_1 - d_1 - e_2 - \dots - d_q - e_{q+1} = e'$$

une chaîne (le trait d'union symbolise l'incidence) d'éléments appartenant alternativement a L_1 et à L_2; l'existence d'une telle chaîne est assurée par le théorème 16. En vertu du théorème 19, la géométrie $\mathcal{L}_{e_2} = \{L_{2e_2}, L_{3e_2}; I\}$, résiduelle de $\mathcal{L}$ par rapport à e_2, est une géométrie projective à 2 dimensions; il s'ensuit que d_1 et d_2, qui sont des éléments de L_{2e_2}, sont incidents à un même élément de L_{3e_2}, soit f_1. En remplaçant e_2 par f_1 dans (3.4.1), on obtient une nouvelle chaîne

(3.4.2) $$e = e_1 - d_1 - f_1 - d_2 - \dots - d_q - e_{q+1} = e'.$$

Toujours d'après le théorème 19, la géométrie $\mathcal{L}_{d_1} = \{L_{1d_1}, L_{3d_1}; I\}$, résiduelle de $\mathcal{L}$ par rapport à d_1, est la somme directe de deux géométries projectives à 1 dimension, donc tout élément de L_{1d_1} est incident à tout élément de L_{3d_1}; en particulier, e_1 est incident à f_1. Pour une raison analogue, f_1 est incident a e_3 et on peut donc remplacer la chaîne (3.4.2) par

(3.4.3) $$e = e_1 - f_1 - e_3 - d_3 - \dots - d_q - e_{q+1} = e'.$$

Considérant à présent la géométrie $\mathcal{L}_{f_1}$, résiduelle de $\mathcal{L}$ par rapport à f_1, et appliquant à nouveau le théorème 19, on voit qu'il existe un élément $d_1' \in L_{2f_1}$ incident à e_1 et à e_3, d'où le chaîne

(3.4.4) $$e = e_1 - d_1' - e_3 - d_3 - \dots - d_q - e_{q+1} = e'.$$

Celle-ci ayant deux éléments de moins que (3.4.1), on en déduit, par induction, qu'il existe au moins un élément de L_2 incident à e et à e'. Supposons que cet élément ne soit pas unique, c'est-à-dire qu'il existe une chaîne "fermée"

$$(3.4.5) \qquad e - d - e' - d' - e \qquad (d \neq d')$$

En raisonnant comme plus haut, on voit qu'il existe, dans la géométrie résiduelle de $\mathcal{L}$ par rapport à e' un élément $f \in L_{3e'}$ incident à d et à d', et que cet élément est aussi incident à e. Mais alors, e, e', d et d' appartiennent tous à la géométrie résiduelle de $\mathcal{L}$ par rapport à f et dans celle-ci, qui est une géométrie projective à deux dimensions, l'existence d'une chaîne fermée du type (3.4.5) est exclue. La propriété est ainsi démontrée.

Les propositions suivantes peuvent être établies par des raisonnements analogues (quoique plus longs), où intervient de façon répétée le théorème 19, et faisant seulement usage, pour le reste, des propriétés d'incidence élémentaires des espaces projectifs et des hyperquadriques (1).

PROPOSITION 17. *Dans la géométrie* $\mathcal{L} = \{L_1, \ldots, L_4; I\}$ *associée au groupe* F_4 *de schéma*

,

étant donnés deux éléments $d \in L_1$ *et* $e \in L_4$, *il existe toujours un élément* $e' \in L_4$ *et un élément* $d' \in L_1$ *respectivement in-*

---

(1) Peu de temps avant de faire le cours auquel se rapportent ces notes, nous avons obtenu des théorèmes généraux, concernant les chaînes d'éléments dans la géométrie associée à un groupe semi-simple quelconque, théorèmes dont les propositions 17 à 20 sont des cas particuliers. Les démonstrations de ces propositions basées sur l'emploi du théorème 19 sont donc quelque peu dépassées. Il nous a cependant semblé utile de les mentionner ici, et d'esquisser par un exemple simple la méthode utilisée, qui met en évidence la portée de ce théorème.

cidents à d *et à* e, *et qui soient incidents entre eux, c'est-à-dire tels que* d-e'-d'-e *soit une chaîne;*

étant donnés deux éléments d $\in L_1$ *et* e $\in L_2$, *il existe des éléments* d', d" $\in L_1$ *et des éléments* e', e" $\in L_2$ *tels que* d-e'-d'-e"-d"-e *soit une chaîne;*

dans l'énoncé précédent, les indices 1, 2 *peuvent être remplacés respectivement par* 3, 4;

etc.

PROPOSITION 18. *Dans la géométrie* $\mathcal{L} = \{L_1, \ldots, L_6; I\}$ *associée au groupe* E_6 *de schéma*

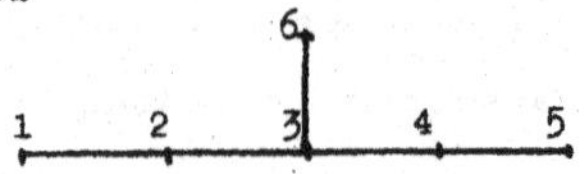

,

étant donnés deux éléments d, d' $\in L_1$ *(resp.* L_5*), il existe un élément* e $\in L_5$ *(resp.* L_1*) incident à chacun d'eux (c'est-à-dire tel que* d-e-d' *soit une chaîne);*

étant donnés un élément d $\in L_6$ *et un élément* e $\in L_i$ (i = 1, 2, 3, 4, 5), *il existe un élément* e' $\in L_i$ *et un élément* d' $\in L_j$ (j = *resp.* 2, 5, 6, 1, 4) *tels que* d-e'-d'-e *soit une chaîne;*

etc.

PROPOSITION 19. *Dans la géométrie* $\mathcal{L} = \{L_1, \ldots, L_7; I\}$ *associée au groupe* E_7 *de schéma*

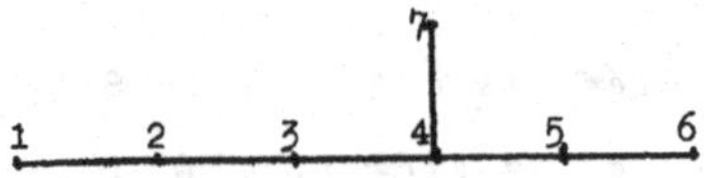

étant donnés un élément d $\in L_6$ *et un élément* e $\in L_i$ (i = 1, 2, 7), *il existe un élément* d' $\in L_j$ (j = *resp.* 2, 6, 1) *et un élément* e' $\in L_i$ *tels que* d-e'-d'-e *soit une chaîne;*

étant donnés un élément d $\in L_i$ (i = 2, 5) *et un élément* e $\in L_j$ (j = *resp.* 4, 6), *il existe des éléments* d', d" $\in L_i$ *et des élé-*

ments e', e" $\in L_j$ *tels que* d-e'-d'-e"-d"-e *soit une chaîne;*

etc.

PROPOSITION 20. *Dans la géométrie* $\mathcal{L} = \{L_1, \ldots, L_8; I\}$ *associée au groupe* E_8 *de schéma*

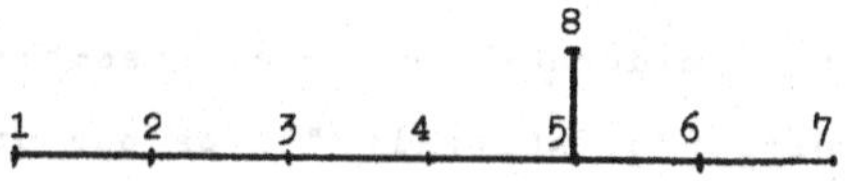

étant donnés un élément d $\in L_1$ *et un élément* e $\in L_7$, *il existe des éléments* d' $\in L_1$ *et* e' $\in L_7$ *tels que* d-e'-d'-e *soit une chaîne;*

étant donnés un élément d $\in L_i$ (i = 1, 4) *et un élément* e $\in L_j$ (j = *resp.* 2, 7), *il existe des éléments* d', d" $\in L_i$ *et* e', e" $\in L_j$ *tels que* d-e'-d'-e"-d"-e *soit une chaîne;*

etc.

REMARQUE. Dans l'exemple du groupe A_3, traité plus haut, on a pu, à l'aide des théorèmes 16 et 19, établir non seulement l'existence mais encore l'unicité de l'élément d incident à e et e'. Il s'agit cependant d'une circonstance particulière aux groupes A_n (et aux produits directs de tels groupes). Dans les autres cas, les théorèmes en question permettent seulement d'établir des théorèmes d'existence, du type des propositions 17 à 20. Toutefois, ceux-ci peuvent encore être complétés par des théorèmes d'unicité (1) qu'on démontre à l'aide d'un autre théorème général: le théorème 20 ci-dessous. Nous en verrons un exemple à la fin du § 4, où on trouvera encore d'autres exemples d'applications du théorème 19.

---

(1) Dont les énoncés peuvent être relativement compliqués cf. p.ex. [6], [7], [10].

§ 4. LE POINT DE VUE SPATIAL.

4.1. OMBRES.

Classiquement, les variétés linéaires d'un espace projectif sont le plus sovent considérées comme des ensembles de points, plutôt que comme des éléments "abstraits" liés par une relation d'incidence. Le lien entre ces deux conceptions peut être réalisé par l'intermédiaire de la notion d'"ombre".

DEFINITION. Soient $\mathcal{L} = \{L_1, \ldots, L_n; I\}$ une géométrie quelconque et A, B deux parties de l'ensemble $L = \bigcup L_i$ des éléments de $\mathcal{L}$. Nous appellerons *ombre* de B sur A l'ensemble des éléments de A incidents à tous les éléments de B. Notons immédiatement le

COROLLAIRE. *L'intersection d'une famille quelconque d'ombres (de parties de* L*) sur* A *est elle-même une ombre. En particulier, les ombres sur* A *forment un treillis.*

Revenons à l'exemple de la géométrie projective. On voit que les variétés linéaires (à l'exception de l'ensemble vide et de l'espace tout entier), considérées comme ensembles de points, sont les ombres des éléments de la géométrie sur l'ensemble des points. Par analogie, étudiant une géométrie quelconque $\mathcal{L} = \{L_1, \ldots, L_n; I\}$, on peut donner un rôle privilégié à l'un des ensembles L_i, soit L_m, dont les éléments sont baptisés "points", et représenter les autres éléments de la géométrie par leurs ombres sur L_m. Cette représentation n'est satisfaisante ("fidèle") que si deux éléments distincts ont toujours des ombres différentes. Lorsque $\mathcal{L}$ est la géométrie associée à un groupe "semi-simple" G, *cette condition est remplie (quel que soit* L_m*) si et seulement si* G *est simple*[1]

(1) Lorsque G n'est pas simple, il faut remplacer L_m par des ensembles de drapeaux convenablement choisis.

Soient $\mathcal{L} = \{L_1, \ldots, L_n; I\}$ une géométrie projective, $L = \bigcup L_i$ l'ensemble de tous ses éléments, et L_1 l'ensemble des points. Le fait fondamental que l'intersection de toute famille de variétés linéaires est encore une variété linéaire peut s'exprimer comme suit: l'ombre de toute partie de L sur L_1 est soit l'ensemble vide, soit L_1 lui-même, soit l'ombre sur L_1 d'un élément unique. Ceci n'est en général plus vrai lorsqu'on remplace $\mathcal{L}$ par la géométrie associée à un groupe G quelconque et L_1 par l'un quelconque des L_i. Cependant, on a, dans tous les cas, le

THEOREME 20. *Soient* $\mathcal{L} = \{L_1, \ldots, L_n; I\}$ *la géométrie associée à un groupe* G *quelconque, et* A, B *deux parties quelconques de l'ensemble* $\bigcup L_i$ *des éléments de* $\mathcal{L}$. *Alors, l'ombre de* B *sur* A *est soit l'ensemble vide, soit* A *tout entier, soit l'ombre sur* A *d'un drapeau de* $\mathcal{L}$.

Nous ne démontrerons pas ce théorème.

EXEMPLE. Soient $\mathcal{L}$ la "géométrie d'une hyperquadrique Q de dimension 2n" ($G = D_{n+1}$), et $A = L_1$ l'ensemble des points de Q. Les ombres des parties de L sur L_1 sont l'ensemble L_1 lui-même (ombre de l'ensemble vide) et toutes les sous-variétés linéaires de l'hyperquadrique. Celles-ci sont toutes des ombres d'éléments de $\mathcal{L}$, à l'exception de l'ensemble vide *et des variétés à* n-1 *dimensions;* ces dernières sont les ombres des drapeaux formés par deux variétés à n dimensions, d'espèces différentes, incidentes entre elles (cf. 1.3., exemple 2)).

REMARQUES. 1) Le théorème 20 reste vrai lorsqu'on remplace A et B par des parties de l'ensemble M de tous les drapeaux de $\mathcal{L}$ (on définit de façon évidente l'ombre d'une partie de M sur une autre partie de M).

2) Lorsqu'on étudie la géométrie $\mathcal{L}$ associée à un grou-

pe G du point de vue spatial décrit plus haut, L_m étant pris comme ensemble de points, ce sont les ombres sur L_m de toutes les parties de $L = \bigcup L_i$ (c'est-à-dire essentiellement les ombres des drapeaux de $\mathcal{L}$, en vertu du théorème 20) - et non pas seulement les ombres des éléments de $\mathcal{L}$ - qui apparaissent comme la généralisation la plus naturelle des variétés linéaires des espaces projectifs, ceci en raison notamment de la propriété exprimée par le corollaire à la définition des ombres (v. plus haut)

4.2. CLASSIFICATION DES OMBRES. INCIDENCE ET INCLUSION.

$\mathcal{L} = \{L_1, \ldots, L_n; I\}$ désignera toujours, dorénavant, la géométrie associée à un groupe G, de schéma Δ.

Cherchons à décrire le treillis des ombres des parties de L sur un "ensemble de points" L_m, choisi une fois pour toutes parmi les L_i [(1)], et, avant tout, à classer ces ombres par rapport à l'action du groupe G (i.e. à voir ce que devient, dans le cas général, la classification des variétés linéaires d'un espace projectif en variétés des diverses dimensions). Le théorème 20 montre que le nombre des classes est fini (puisqu'il n'y a qu'un nombre fini d'espèces de drapeaux - il faut aussi tenir compte du corollaire 2 au théorème 17 -), mais donne par ailleurs une image encore très imparfaite de la situation, comme le montre l'exemple de la géométrie projective, où l'ombre d'un drapeau quelconque sur l'ensemble des points coïncide toujours avec l'ombre d'un élément unique. Ceci nous amène à poser la question

(i) Quand deux drapeaux ont-ils la même ombre sur L_m?

Celle-ci est naturellement liée à une autre question, celle

---

(1) Tout ce qui suit reste vrai pratiquement sans modification lorsqu'on remplace L_m par l'ensemble des drapeaux d'espèce donnée quelconque.

de l'"interprétation spatiale" de la relation d'incidence. Dans le cas de la géométrie projective, l'incidence entre deux variétés linéaires se traduit par le fait que l'ombre de l'une contient l'ombre de l'autre, mais il n'en est pas toujours ainsi (cf. 1.3., exemple 2)). D'où la question

(ii) Quand l'incidence de deux drapeaux se traduit-elle par une relation d'inclusion entre les ombres de ces drapeaux sur L_m?

Plus généralement,

(iii) Etant donnés deux drapeaux $d = (d_1, \ldots, d_p)$ et $e = (e_1, \ldots, e_q)$, quand l'ombre $O_m(d)$ de d sur L_m est-elle contenue dans l'ombre $O_m(e)$ de e sur L_m?

Nous nous proposons de répondre à cette dernière question, qui généralise (i) et (ii). Nous commencerons par déduire du théorème 19 une condition suffisante pour que la relation

$$O_m(d) \subseteq O_m(e) \tag{4.2.1}$$

soit vérifiée. Ensuite, nous énoncerons - sans démonstration - le théorème 21 qui exprimera, grosso modo, que cette condition est aussi nécessaire.

Soient d et e respectivement d'espèces $i = (i_1, \ldots, i_p)$ et $j = (j_1, \ldots, j_q)$. Pour simplifier l'exposé, nous ferons l'hypothèse - d'ailleurs absolument inessentielle - que $m, i_1, \ldots, i_p, j_1, \ldots, j_q$ soient deux à deux distincts.

Supposons pour commencer que d et e soient incidents. La condition (4.2.1) peut alors s'énoncer comme une propriété de la géométrie résiduelle $\mathcal{L}_d$ de $\mathcal{L}$ par rapport à d; en effet, $O_m(d)$ n'est autre que l'ensemble L_{md} de cette géométrie et (4.2.1) exprime que tous les éléments de cet ensemble sont incidents à e, qui est un drapeau d'espèce j de $\mathcal{L}_d$. D'après le théorème 19, $\mathcal{L}_d$ est la géométrie associée à un groupe dont le schéma Δ' s'obtient en retirant de Δ les sommets $i_1, \ldots, i_p$. Mais alors, en nous reportant au n° 1.3, exemple 4), nous voyons que la condition précédente sera certainement remplie si Δ' est la réunion disjointe de deux schémas dont l'un contient le sommet m tandis que l'autre contient tous les sommets $j_1, \ldots, j_q$, ce que nous traduirons en disant que $i = (i_1, \ldots, i_p)$ *sépare* m et $j = (j_1, \ldots, j_q)$ sur Δ. D'où cette première conclusion:

(4.2.2) Si d et e sont deux drapeaux incidents d'espèces i et j respectivement, et si j et m sont séparés par i sur Δ, alors $O_m(d) \subseteq O_m(e)$.

Désignant par m et $i = (i_1, \ldots, i_p)$ respectivement un sommet et un ensemble quelconque de sommets de Δ, nous appellerons *réduction de* i *mod.* m la partie i_m^* de i formée par ceux des sommets i_s qui ne sont pas séparés de m par l'ensemble des autres, et nous dirons que i est *réduit mod.* m si $i = i_m^*$. De même, étant donné un drapeau $d = (d_1, \ldots, d_p)$ d'espèce i (i. e. $d_s \in L_{i_s}$), nous appellerons *réduction de* d *mod.* m la partie d_m^* de d formée des éléments d_s tels que $s \in i_m^*$, et nous dirons que d est *réduit mod.* m si $d = d_m^*$. De (4.2.2), il résulte immédiatement que d et d_m^* ont la même ombre sur L_m; on obtient donc toutes les ombres (de parties de L) sur L_m en se bornant à considérer les ombres de drapeaux réduits mod.m . Le théorème suivant, qui donne la réponse à la question (iii), exprime essentiellement que, pour les drapeaux réduits, la condition suffisante d'inclusion des ombres donnée par (4.2.2) est aussi nécessaire.

THEOREME 21. *Soient* $\mathcal{L} = \{L_1, \ldots, L_n; I\}$ *la géométrie associée à un groupe* G *de schéma* Δ , $d = (d_1, \ldots, d_p)$ *et* $e = (e_1, \ldots, e_q)$ *deux drapeaux d'espèces* $i = (i_1, \ldots, i_p)$ *et* $j = (j_1, \ldots, j_q)$ *respectivement, et* m *un sommet quelconque de* Δ . *Pour que* d *et* e *aient la même ombre sur* L_m, *il faut et il suffit que leurs réductions mod.* m *coïncident. Si* d *et* e *sont réduits mod.* m, *l'ombre de* d *est contenue dans l'ombre de* e *si et seulement si* d *et* e *sont incidents et si* j *et* m *sont séparés par* i *sur* Δ .

NOTATION. Les ombres des drapeaux d'espèce i (i pouvant éventuellement être réduit à un seul sommet) sur l'"ensemble de points" L_m seront désignés par le symbole V_i .

EXEMPLE. Soit

$\Delta =$ 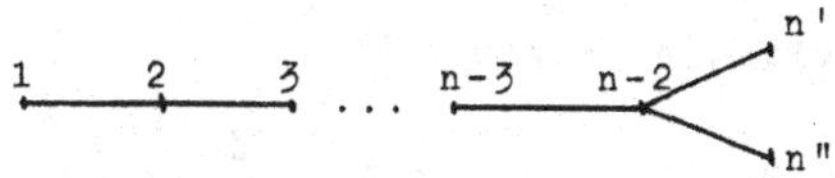

et m = 1 (i.e. on considère la géométrie d'une hyperquadrique à 2n-2 dimensions et on prend comme "points" les points de l'hyperquadrique, au sens ordinaire). Les seuls ensembles de sommets réduits par rapport à 1 sont les ensembles formés d'un seul sommet et l'ensemble (n', n"). Les seules ombres sur L_1 sont donc l'ensemble vide ∅, L_1 lui-même, les V_i (i = 1,..., n-2) (variétés linéaires à i-1 dimensions), les $V_{n'}$ et les $V_{n''}$ (variétés linéaires à n-1 dimensions), et les $V_{n',n''}$ (variétés linéaires à n-2 dimensions). Les possibilités d'inclusions entre ces diverses espèces d'ombres se déduisent immédiatement du théorème 21; elles peuvent se résumer comme suit :

$$\emptyset \subset V_1 < V_2 < \ldots < V_{n-2} < V_{n',n''} \begin{matrix} < V_{n'} \subset \\ < V_{n''} \subset \end{matrix} L_1$$

où le symbole < se lit : "peut être inclus dans".

4.3. UN EXEMPLE: LE GROUPE E_6.

Pour terminer, nous examinerons encore, avec quelques détails, l'exemple de la géométrie $\mathcal{L} = \{L_1, \ldots, L_6; I\}$ associée au groupe E_6 de schéma

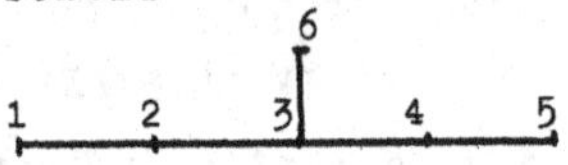

l'ensemble L_1 étant choisi comme "ensemble de points". Les seuls ensembles de sommets de Δ réduits par rapport à 1 sont les ensembles formés d'un seul sommet et les ensembles (4, 6) et (5, 6). Les seules ombres sur L_1 sont donc l'ensemble vide, L_1 lui-même, les V_i $(i = 1, \ldots, 6)$, les $V_{4,6}$ et les $V_{5,6}$. Les possibilités d'inclusions entre elles sont, d'après le théorème 21 et avec les notations introduites plus haut :

$$(4.3.1) \qquad \emptyset \subset V_1 < V_2 < V_3 < V_{4,6} \begin{matrix} \swarrow\!\!\nearrow & V_4 & < & V_5 & \supset \\ & & \nearrow\!\!\swarrow & & \\ \searrow\!\!\nwarrow & V_{5,6} & < & V_6 & \subset \end{matrix} L_1$$

L'utilisation des théorèmes 19 et 20 nous permettra de donner une image plus complète de la géométrie de L_1, et, tout d'abord, de déterminer la structure des diverses espèces d'ombres, envisagées d'un point de vue intrinsèque. Considérons par exemple une V_3, ombre sur L_1 d'un élément $e \in L_3$. En vertu du théorème 19, la géométrie résiduelle de $\mathcal{L}$ par rapport à e est la géométrie associée au groupe $A_2 \times A_2 \times A_1$ de schéma

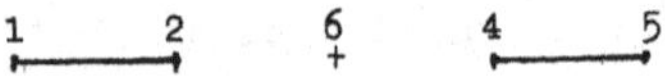

La V_3 en question n'est autre que l'ensemble L_{1e} de cette géométrie, donc, d'après le n° 1.3, exemples 4) et 1), l'ensemble des points d'un plan projectif, dont les droites sont les ombres sur L_{1e} des éléments de L_{2e}, c'est-à-dire, en vertu du théorème 21, les V_1 contenues dans la V_3 donnée. Des raisonnements analogues montrent que

les V_2, V_3, $V_{4,6}$, V_4, $V_{5,6}$, V_6 *et* V_5 *sont respectivement des espaces projectifs à* 1, 2, 3, 4, 4, 5 *dimensions et des hyperquadriques à* 8 *dimensions, dont les variétés linéaires sont - dans chaque cas - les ombres sur* L_1 *(les "V") qui y sont contenues;* (par exemple, les droites, les plans,..., les hyperplans d'une V_6 sont respectivement les V_2, les V_3, les $V_{4,6}$ et les $V_{5,6}$ qu'elle contient).

On peut aussi, à l'aide des théorèmes 19 et 20, déterminer quelles sont les intersections possibles de deux ombres d'espèces données. Considérons par exemple deux V_6, O(e) et O(e'), ombres de deux éléments distincts e, e' $\in L_6$. D'après (4.3.1), leur intersection peut, à priori, être l'ensemble vide, une V_1 (point), une V_2, une V_3, une $V_{4,6}$ ou une $V_{5,6}$. Supposons que ce soit une $V_{5,6}$, ombre d'un drapeau (d, e"), avec d $\in L_5$, e" $\in L_6$; cette ombre étant par hypothèse contenue dans O(e) et dans O(e'), le drapeau (d, e") doit, d'après le théorème 21, être incident à e et e', mais alors e = e" = e', ce qui contredit l'hypothèse suivant laquelle e $\neq$ e'. Pour une raison analogue, l'intersection O(e) $\cap$ O(e') ne peut être une $V_{4,6}$. Supposons à présent que ce soit une V_2, ombre sur L_1 d'un élément d $\in L_2$. Toujours en vertu du théorème 21, d est incident à e et e', qui appartiennent donc à la géométrie résiduelle $\mathcal{L}_d$ de $\mathcal{L}$ par rapport à d. En vertu du théorème 19, celle-ci est une géométrie projective à 4 dimensions, mais alors, les "points" (de la géométrie projective en question) e, e' $\in L_{6d}$ déterminent une "droite" f $\in L_{3d}$ auxquels ils sont incidents, et, invoquant à nouveau le théorème 21, on voit que l'ombre de f sur L_1, qui est une V_3, est contenue dans O(e) et dans O(e'), donc dans O(e) $\cap$ O(e'), qui devrait être une V_2; il y a contradiction d'après (4.3.1). En conclusion:

PROPOSITION 21. *L'intersection de deux* V_6 *distinctes est l'ensemble vide, un point ou une* V_3.

On montre assez aisément que les trois éventualités se présentent effectivement (1).

Considérons encore le cas de deux V_5, O(e) et O(e'), ombres sur L_1 de deux éléments distincts e, e' $\in$ L_5 . En vertu de la proposition 18, il existe au moins un point d $\in$ L_1 incident à e et à e', c'est-à-dire appartenant à O(e) $\cap$ O(e'). Si ce point n'est pas unique, O(e) $\cap$ O(e'), qui est une ombre (cf. n° 4.1, corollaire à la définition des ombres), doit contenir au moins une V_2 (d'après (4.3.1)), soit O(c), ombre d'un élément c $\in$ L_2. En vertu du théorème 19, la géométrie $\mathcal{L}_c$, résiduelle de $\mathcal{L}$ par rapport à c, est une géométrie projective à 4 dimensions, et les "points" e, e' $\in$ L_{5c} de cette géométrie déterminent une "droite" f $\in$ L_{4c}, incidente à chacun d'eux. L'ombre O(f) de f sur L_1, qui est une V_4, est contenue dans O(e) $\cap$ O(e'), en vertu du théorème 21, mais alors, il résulte de (4.3.1) que O(e) $\cap$ O(e'), qui ne peut être une V_5 puisque e $\neq$ e' par hypothèse, ne peut être que la V_4 O(f) elle-même. Il s'ensuit en particulier que f est le seul élément de L_4 incident à e et à e'. Tenant compte de la symétrie du schéma Δ , nous pouvons, en conclusions, préciser comme suit la première partie de la proposition 18:

PROPOSITION 22. *Etant donnés deux éléments distincts* e, e' $\in$ L_5, *(resp.* L_1*), il existe un élément* d $\in$ L_1 *(resp.* L_5*) incident à cha-*

(1) La cas où O(e) $\cap$ O(e') = $\emptyset$ est le cas "générique". De façon précise, dans la variété algébrique à 42 dimensions des paires (e, e') (variété $L_6 \times L_6$ - diagonale), les paires telles que O(e) $\cap$ O(e') soit un point (resp. une V_3) forment une sous-variété à 36 (resp.32) dimensions.

cun d'eux. Si cet élément n'est pas unique, il existe un unique élément $f \in L_4$ *(resp.* L_2*) jouissant de la même propriété.*

En termes d'ombres sur L_1, cette proposition se traduit de la façon suivante:

PROPOSITION 22'. *l'intersection de deux* V_5 *distinctes est un point ou une* V_4. *Deux points distincts sont toujours contenus dans une même* V_5*; si celle-ci n'est pas unique, les deux points déterminent une* V_2 *qui les contient,*

Le cas où l'élément d, dont il est question dans la proposition 22, est unique, est le cas "générique". De façon précise, dans l'ensemble des paires (e,e'), qui est une variété algébrique à 32 dimensions (variété $L_5 \times L_5$ - diagonale, resp. $L_1 \times L_1$ - diagonale), les paires pour lesquelles d n'est pas unique forment une sous-variété à 27 dimensions. On est donc en droit de dire qu'*en général*, deux V_5 se coupent en un et un seul point, et deux points déterminent une V_5, c'est-à-dire que les axiomes des plans projectifs sont "génériquement vérifiés". Pour cette raison, nous avons donné aux V_5 le nom de *droites* [8] , ou encore d'*hyperdroites* [6][1] . Notons que le "plan génériquement projectif" ainsi obtenu est en relation directe avec le plan projectif des octaves de Cayley (pour plus de précisions sur la nature de ces liens , cf. notamment [8] et [10]) On trouvera encore d'autres informations concernant la géométrie de l'espace L_1 notamment dans [6], [7] et [8]. Il faut cependant être attentif au fait que les notations adoptées ici diffèrent sensiblement de celles utilisées dans ces articles.

---

(1) Dans [6], nous réservons le nom de droites aux V_2 qui sont, comme on l'a vu plus haut, des espaces projectifs à une dimension.

BIBLIOGRAPHIE

[1] BARSOTTI, I., A note on abelian varieties, Rendiconti del Circolo Matematico di Palermo, 2 (série II) (1954), 1-22.

[2] BOREL, A., Groupes linéaires algébriques, Ann. of Math. (2) 64 (1956), 20-82.

[3] CHOW, W.L., Projective embedding of homogeneous spaces, Algebraic Geometry and Topology (Symposium en l'honneur de S.Lefschetz), Princeton University Press, Princeton, 1957.

[4] Séminaire C. CHEVALLEY 1956/58, Classification des groupes de Lie algébriques, Paris, 1958.

[5] TITS, J., Sur certaines classes d'espaces homogènes de groupes de Lie, Mém. Acad. Roy. Belg. 29 (3), 1955.

[6] - , Sur la géométrie des R-espaces, Journal Math. P. Appl. 36 (1957), 17-38.

[7] - , Les groupes exceptionnels et leur interprétation géométrique, Bull. Soc. Math. Belg. 8 (1956), 48-81.

[8] - , Les "formes réelles" des groupes de type E_6, Séminaire Bourbaki n° 162, Paris, février 1958.

[9] - , Sur la classification des groupes algèbriques semi-simples, C. R. Acad. Sci. Paris 249 (1959), 1438-1440.

[10] - , Groupes algébriques semi-simples et géométries associées, à paraître dans les Proceedings du Colloque sur les Fondements de la Géométrie, Utrecht, août 1959.

[11] VEBLEN, O. et YOUNG, J.W., Projective geometry, I, Ginn. & C°, Boston, 1910.